臆《おく》病《びょう》者と
呼《よ》ばれても

良心的兵《へい》役《えき》拒《きょ》否《ひ》者たちの戦い

マーカス・セジウィック作
金原瑞人＆天川佳代子訳

おしみない助言をくださったフェリシティ・グッドール氏、
ご協力いただいたイギリス帝国《ていこく》戦争博物館の皆さん、
中でもローズマリー・タッジ氏、
そしてこの物語を語る機会をあたえてくださった
アン・クラーク氏に心から感謝します。

ようやく、〝良心的兵役拒否者《へいえききょひしゃ》〟（良心や宗教の教えなどから軍隊に入ることを拒否《きょひ》する人）を題材にした作品を書くことができました。はじめは、小説を書くつもりで調べものをしていたのですが、この真実の物語は、どんな小説にも負けないものでした。こうして今、本当にあったこの物語を本にすることができて、うれしく思います。

良心的兵役拒否《へいえききょひ》というテーマをあつかうにあたっては、かたよった見方をしないように心がけて、事実をできるだけくわしくありのままに書いたつもりです。しかし、このテーマに関心を持ったそもそもの理由を、やはりここでお話しするべきでしょう。

実は、私の父と母方の祖父が良心的兵役拒否者《へいえききょひしゃ》だったのです。自らの信念のために戦った父と祖父に、この本をささげます。

物語に出てくるおもな地名

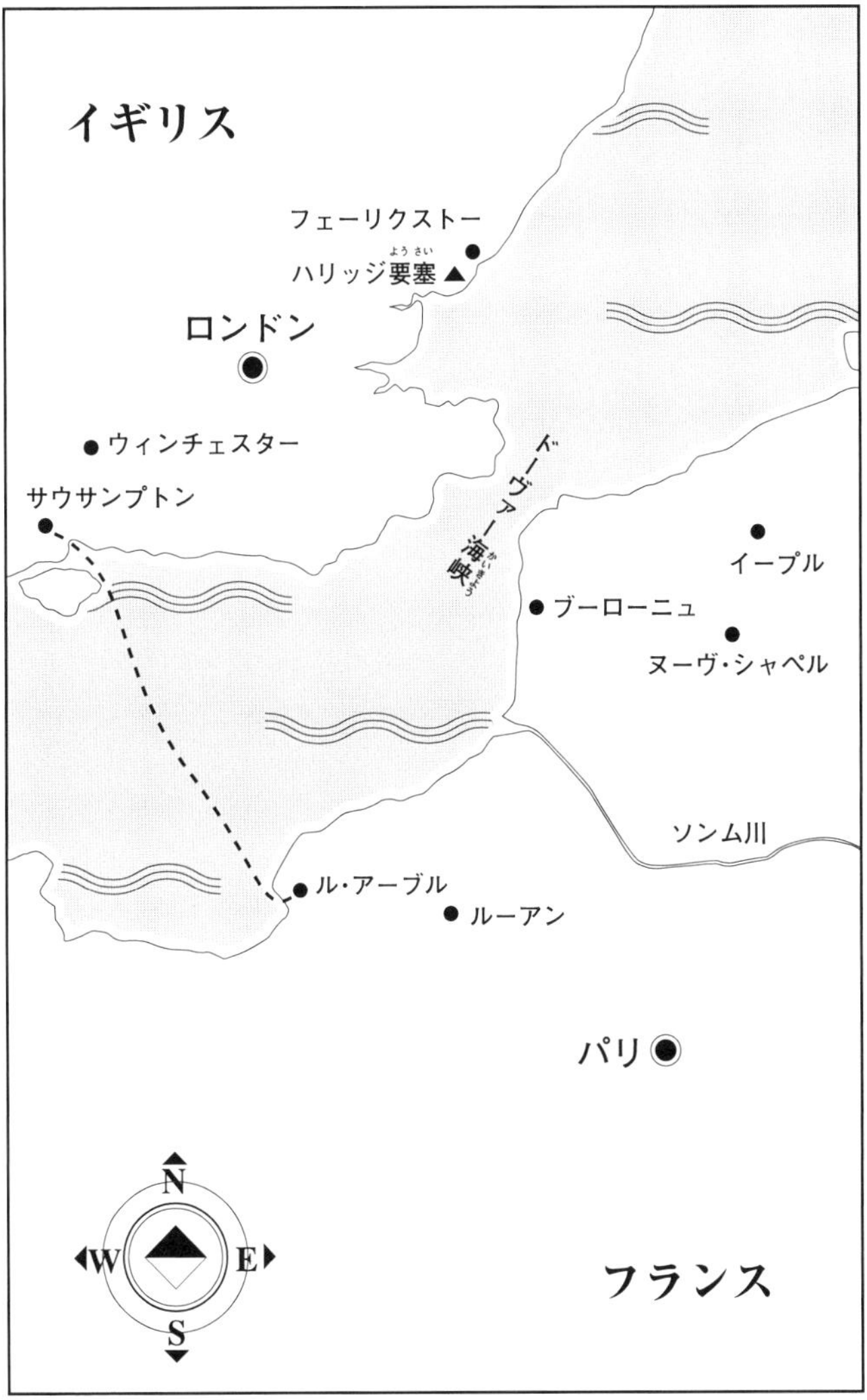

はじめに

臆病者《おくびょう》。批判《ひはん》されるのを覚悟《かくご》のうえで、こんな題をつけました。良心的兵役拒否《へいえききょひ》者が多くの人々からどう思われてきたか、よくわかってもらいたかったからです。良心的兵役拒否《へいえききょひ》者に対する見方は、今も昔とあまり変わっていません。

良心的兵役拒否《へいえききょひ》について語る人は、ほとんどいません。話題になることも少なく、あっても、おそらく良くいう人はいないでしょう。良心的兵役拒否《へいえききょひ》者は、せいぜい「愚《おろ》か者」、悪ければ「臆病《おくびょう》者」と見られます。これは、良心的兵役拒否《へいえききょひ》という考え方が生まれた、第一次世界大戦の頃《ころ》から変わっていません。そしてこの本は第一次世界大戦当時を舞台《ぶたい》にしています。

良心的兵役拒否《へいえききょひ》は、けっして〈カッコイイ〉ものではありません。いつの時代も平和主義は若者に理解されなくて、人気があるのは銃《じゅう》を持つ兵士のイメージばかりでした。ですから、良心的兵役《へいえき》拒否《きょひ》をする人については、わからないことがいろいろあるかもしれません。しかし最大の疑問《ぎもん》は、なぜ良心的兵役拒否《へいえききょひ》者は大多数の意見にあえて反対するのかということではないでしょうか。激《はげ》しい迫害《はくがい》を受け、ひどい目にあってまで、抵抗《ていこう》しなくてはいけないと思うのはなぜなのでしょう。

良心的兵役拒否者《へいえききょひしゃ》の答えは、いつもそれぞれちがい、理由もまたそれぞれでした。しかし、人殺しは罪《つみ》であるという信念だけは、どの人にも共通しています。第二次世界大戦当時、良心的兵役拒否者《へいえききょひしゃ》だった方たちと話したときには、同じ言葉を何度も何度も耳にしたおぼえがあります。

「そうしないでは、いられなかったんだよ」

第二次世界大戦では、わたしの父や祖父のような兵役拒否者《へいえききょひしゃ》たちは兵役免除審査局《へいえきめんじょしんさきょく》へ行き、兵役《へいえき》を拒否《きょひ》する理由が良心にもとづくものであることを述べれば、兵役《へいえき》を拒否《きょひ》できるようになりました。こうしたことができるようになったのは、第一次世界大戦中、良心的兵役拒否《へいえききょひ》をつらぬこうとがんばった人々のおかげです。この本はその中のふたり、ハワード・マーテンとアルフレッド・エヴァンズの物語です。

良心的兵役拒否《へいえききょひ》の良い点や悪い点については、いろいろ考えることができるでしょう。しかし、この本を読み終えたとき、ふたりやその仲間たちはけっして臆病《おくびょう》者などではなかったと、読者が信じてくれることをわたしは心から願っています。

もくじ

カバー・表紙絵・本文カット／横田 美晴
装幀／YY Products

第1章

すばらしき戦争

一九一六年五月。暗闇《くらやみ》の中、窓《まど》をふさいだ列車が、スピードをあげて走って行く。列車はロンドンをさけて、慎重《しんちょう》にルートを選びながら進んでいた。駅には一度もとまらず、客を乗せることもない。

この列車は囚人《しゅうじん》を乗せていた。

列車が戦時下の暗闇《くらやみ》につつまれた駅を通過したとき、車両から何かがホームに放り投げられた。手紙だ。そこには走り書きで、囚人《しゅうじん》たちの行き先が書かれていた。

列車はイギリス東海岸の町フェーリクストーを出発して、サウサンプトンの港に向かっていた。列車の中の囚人《しゅうじん》たちは、そこからフランスに連れて行かれることになっていた。最終目的地は、にらみ合いにおちいった戦争の最前線※だ。

列車に乗せられた囚人《しゅうじん》とは、十七人の青年だった。経歴《けいれき》はさまざまで、仕事もちがえば、出身地も同じではない。だが、ひとつだけ共

※軍隊の最前列の陣地《じんち》。

通点があった。青年たちは全員、良心的兵役拒否者《へいえききょひ》※なのだ。

　この中に、アルフレッド・エヴァンズがいる。アルフレッドは二十歳《さい》で、列車に乗せられた中で最年少。数週間前まで、ピアノの調律師《ちょうりつし》の見習いをしていた。最年長はハワード・マーテン。最年長といっても、まだ三十歳《さい》の誕生日《たんじょうび》をむかえていないハワードは、銀行で働いていた。

　これからたった数カ月の間に、青年たちは信じられないようなつらい目にあい、身も心も打ちくだかれることになる。

　列車に乗せられた青年たちは、アルフレッドやハワードをふくめて、全員がいろいろな理由で軍隊に入ることを拒否《きょひ》していた。兵役《へいえき》は国民の義務《ぎむ》になり、徴兵《ちょうへい》されれば兵士にならなければならない。それでも青年たちは兵士になることを拒否《きょひ》し続けた。それだけではない。軍部の命令には、いっさい従《したが》わないつもりだった。なぜなら、たとえ戦

※召集《しょうしゅう》命令を受けても入隊を拒否《きょひ》する人。ふつう、良心や宗教の教えから、こうした行動をとることが多い。

争でも人殺しは罪《つみ》であると、かたく信じていたからだ。

この信念は、一見とてもわかりやすい。しかし列車の青年たちは、この信念をめぐって、これから数カ月間、厳《きび》しい試練《しれん》を受けることになる。そして、この信念をつらぬくことが、どんなに困難《こんなん》か思い知らされるのだ。

一九一四年八月四日、イギリスは第一次世界大戦に参戦した。当時の大多数の人々は、この戦争をどう思っていたか。その気持ちや考えは、現代を生きるわたしたちには理解しにくいだろう。

今なら当たり前のように戦場の様子を知ることができるし、映像《えいぞう》によって自分の目で見ることもできる。戦争の中心地には記者が集まり、衛星中継《えいせいちゅうけい》の映像《えいぞう》もあるため、戦地にいる人々とほぼ同時に戦争の様子を知ることも多い。しかし、こういったことはつい最近のことにすぎない。

よくいわれるように、テレビ放送された最初の戦争はベトナム戦争だ。第二次世界大戦も一部は映像《えいぞう》に記録され、十分に編集されてから、ニュース映画《えいが》としてイギリス国内の映画館《えいがかん》で上映《じょうえい》されることもあった。

しかし第一次世界大戦については、判断《はんだん》の助けとなるような正確なニュースは、一般《いっぱん》の人にはほとんど手に入らなかった。

テレビはまだなかったし、ラジオもめずらしい時代だった。電気のきている家などほとんどなかった。自動車もめったに走っていない。情報は新聞がたよりだったのに、記事になるのがおそいうえに、内容は正確でなかった。

第一次世界大戦は現在でも「大戦《グレート・ウォー》」と呼《よ》ばれているが、その意味合いは、当時と今とではまったくちがった。

イギリスでは、国民のほとんどが参戦※を祝《いわ》った。宣戦布告後《せんせんふこくご》、大臣たちが議会での会議を終えて出てくると、大勢の人々が声援《せいえん》を送った。町には愛国の歌が響《ひび》き、若者たちは軍隊に入るようにすすめられた。そして多くの若者が、はりきってそうした。それが名誉《めいよ》ある行動と思われていたからだ。

今も、こうした考え方がないわけではない。しかし、当時は今よりはるかに熱狂《ねっきょう》的で、名誉《めいよ》ある行動をとるべきだとだれもが思っていた。

イギリスの詩人、ロバート・グレイヴズ※は、自伝『さらば、古きものよ』で軍隊経験を語っている。その中で、自分のいた中隊には、若すぎたり、年をとりすぎたりしているのに、年齢《ねんれい》をごまかしてまでフランス戦線行きを志願する者が大勢いたと書いている。

ある十五歳《さい》の少年は、実際の年齢《ねんれい》が知られて基地に送りかえされた

※イギリスは、ロシア、フランスと三国協商という協約を結んでいたが、参戦したのは最後だった。

※一八九五年〜一九八五年。イギリス、ロンドン生まれ。詩人、小説家、批評《ひひょう》家。

が、十七歳《さい》を待って正式に志願しなおし、その夏に命を落としたという。

戦争を祝《いわ》うなんて理解できないかもしれない。しかし、二十一世紀の幕開《まくあ》けをむかえた今だからこそ、そんなことがいえるのだということを忘《わす》れてはならない。だいたいなぜ第一次世界大戦が起きたのかも、よくわからないのだ。

戦争を引き起こすことになったそもそもの原因は、ヨーロッパの中でも力を持った国々が、長い間争いをくりかえしていたことにあった。しかし、こうした世界情勢を理解している人は当時ほとんどいなかった。人々は輝《かがや》かしい勝利を思いえがき、興奮《こうふん》しきっていたのだ。

そして、待ってましたとばかりに戦争が始まった。大方の予想は「クリスマスまでには、すっかり終わっているだろう」というものだった。「クリスマスまでには……」という言葉は今も歴史に残り、このばかげた戦争を忘《わす》れないための戒《いまし》めになっている。戦争が始まったばかりの頃《ころ》、どちら側の首脳《しゅのう》も、この戦争は楽勝《らくしょう》で、すぐに終戦をむかえると思っていた。しかし予想ははずれた。一九一四年九月、戦争は早くも泥沼《どろぬま》状態となり、フランスで悪夢《あくむ》のようなにらみ合いが始まったのだ。

第一次世界大戦当時、塹壕《ざんごう》※の中にいる兵士たちは、時に信じられないほど恐《おそ》ろしい目にあっていた。とはいうものの、にらみ合いが長くて身動きがとれず、退屈《たいくつ》しきっていたのも事実だった。

実際、こうした時間はかなり長く、この間、前線の兵士たちは、ネズミ、シラミ、わずかで粗末《そまつ》な食料、病気などと戦った。ネズミは塹《ざん》壕《ごう》に入りこんで、食べ物をあさり、無人地帯※に置き去りにされた兵士の死体をかじった。大胆《だいたん》きわまりないネズミは、けとばしてもなかな

※歩兵《ほへい》の守備戦に沿《そ》って溝《みぞ》を掘《ほ》り、その土を溝《みぞ》の前に積みあげたもの。野戦で敵の銃弾《じゅうだん》による攻撃《こうげき》から身を隠《かく》すために作られた。

※敵対する軍隊同士の最前線の間にある、どちらの支配下にも置かれていない土地。

か逃《に》げて行かなかった。

しかし、シラミはもっとたちが悪かった。この小さな害虫は、またたく間に軍服のすみずみにまで広がり、兵士たちは体をかきむしるあまり、皮膚《ひふ》がすりむけひりひりと痛《いた》むこともあった。兵士たちは、すぐにシラミの撃退法《げきたいほう》をおぼえた。シラミは服の縫《ぬ》い目にたかっていることが多いので、縫《ぬ》い目にそって爪《つめ》を立てるか、マッチやライターの火であぶるのだ。

部隊は塹壕任務《ざんごうにんむ》から解放されると、前線から二、三キロはなれたフランスの村まで引きあげて、何週間かぶりの風呂《ふろ》に入れた。体をよくこすってシラミを洗《あら》い流し、軍服を消毒《しょうどく》すると、数時間はシラミから解放される。ところが、消毒《しょうどく》しても生き残った小さな卵が人の体温でたちまちかえり、兵士たちはすぐにまた新たなシラミの大群に悩《なや》まされるのだった。

戦線の後方にいる間ならまともな食料も手に入るが、前線ではそうはいかない。食べ物はまずいうえに、不足がちだった。水の運搬《うんぱん》にガソリンの空き缶《かん》を使うせいで、お茶はいつもガソリンくさかった。

塹壕《ざんごう》生活の体験談には、信じられないような話も残っている。たとえば、お茶を入れる湯をわかすのには、金属製のマグカップを機関《きかん》銃《じゅう》の上に置いて、無人地帯に向けて一千発くらい撃《う》つ。するとその熱で、水が熱湯になったという。

次の攻撃《こうげき》を待つまでの間は、いらだちと退屈《たいくつ》と緊張《きんちょう》が入りまじって、攻撃《こうげき》そのものにも劣《おと》らない恐《おそ》ろしい気持ちになった。

しかし、実際の攻撃《こうげき》はそんなものではすまなかった。

今なら、戦争の恐《おそ》ろしさについて、実際に戦争へ行った人たちのくわしい体験談を読むこともできる。しかし当時は、戦争の実態について、イギリスにいる人々は何ひとつ知らされていなかった。

突撃《とつげき》はふつう夜に行われるが、その前に両軍とも敵の兵力を弱めるため大砲《たいほう》で撃《う》ち合う。砲撃《ほうげき》は何時間にもおよび、ときには何日も続いた。塹壕《ざんごう》の中で大砲《たいほう》の弾丸《だんがん》を受け、大勢の兵士がひとたまりもなく命を落とした。味方の砲弾《ほうだん》が誤《あやま》って手前に落ち、仲間の兵士を即死《そくし》させてしまうことも多かった。

やがて、いきなり砲撃《ほうげき》がやみ、敵の塹壕《ざんごう》に向かって突撃《とつげき》せよと命令が下る。しかし立ち上がった途端《とたん》、多くの兵士が機関銃《きかんじゅう》で撃《う》ちたおされた。なんとかそれをまぬがれた者も、無人地帯を数メートル進んだところで殺されるか、負傷《ふしょう》するのがせいぜいだった。けがをすればおそらくそのまま死ぬことになる。無人地帯のほとんどはとても危険《きけん》で、取り残されたら最後、だれも助けになど来てくれなかった。

次の詩※は、ある士官が指揮《しき》下の兵士について書いたものだ。

※ハーバート・リード（一八九三～一九六八）による『My Company』の一部。リードは第一次世界大戦を生きぬき、戦後、詩人、批《ひ》評《ひょう》家として活躍《かつやく》した。

わが部隊の足は疲《つか》れきっている
長い木の板と鉄板という
途方《とほう》もない重荷《おもに》を背《せ》に
死の荒野《こうや》を行く男たち
空に閃光《せんこう》が走る
部下たちは立ちすくみ
やがてまた歩き始める
ののしり、うめき声をあげながら

部下のひとりが息絶《た》えて
鉄条網《てつじょうもう》に身を横たえる
魂《たましい》のないその体を引き取りに行こうとすれば

死が待ちかまえている
兵のひとりが鉄条網《てつじょうもう》で息絶《た》えている
その体はやがて朽《く》ち
そのくちびるを
うじ虫が我先《われさき》にむさぼるだろう
こんな接吻《せっぷん》をさせたくはなかった

晴れわたった八月が終わると、はげしい雨が降《ふ》り続いた。その直後から、にらみ合いが始まった。すでに戦法が変わって、機関銃《きかんじゅう》などの新型兵器が勝負を決める鍵《かぎ》となったことがはっきりしたにもかかわらず、イギリス最高司令部は依然《いぜん》として勝敗を決めるのは騎兵隊《きへいたい》だと信じて、前世紀と同じ戦法を考えていた。

一方、ドイツ軍はなによりもまず戦線に沿《そ》って防衛陣地《ぼうえいじんち》を築《きず》きあげ、そこに機関銃座《きかんじゅうざ》のあるコンクリート製※掩蔽壕《えんぺいごう》を作った。これでは、イギリス軍とフランス軍の攻撃《こうげき》がたびたび大失敗に終わるのも当然だった。そして、おびただしい死者が出た。

一九一五年の春、フランス北部のヌーヴ・シャペルの戦いで、イギリス軍の※ヘイグ陸軍大将《たいしょう》は兵士に前進命令を出した。にらみ合いの状態を脱《だっ》するには、これが最も軍人らしいやり方だと思ったからだ。戦い開始早々、敵の鉄条網《てつじょうもう》をたった一区画切るのに、千人近い兵士が殺された。これほど大勢の死者を出しても、ヘイグ大将《たいしょう》はかまうことなく戦闘《せんとう》を続けるように命令し、三月中頃《ごろ》までに約一万二千人が戦死した。

それでも、イギリス軍は一キロ半すら前に進めなかった。

ロバート・グレイヴズは『さらば、古きものよ』に、ファーバー大《たい》尉《い》という神経衰弱《すいじゃく》にかかった中隊司令官の話を書いている。ファー

※地下三～九メートルの位置に避難《ひなん》場所を設けた塹壕《ざんごう》。地下の避難《ひなん》場所には寝台《しんだい》などが備《そな》えられ、十人前後が収容できる広さがある。地下深く作られているため、どんな砲撃《ほうげき》にも耐《た》えることができた。

※一八六一年～一九二八年。イギリス、エディンバラ生まれ。第一次世界大戦中、一九一五年からイギリス遠征《えんせい》軍司令官を務《つと》める。

バーはある士官と賭《か》けをして、二年たっても自分のいる前線の塹壕《ざんごう》は一キロ半も進んでいないだろうといって、みんなに笑われた。しかし賭《か》けはファーバーの勝ちだった。

ところが、軍はいっこうに平気だった。一九一五年の後半、アレンビー大将《たいしょう》は、イープル※の戦いの戦死者がまたしても相当な人数になったと警告《けいこく》されても

「それがなんだ。男なら、イギリス本国にいくらでもいるではないか」

というしまつだった。

しかし、兵士不足の心配は現実のものとなってきていた。イープルやヌーヴ・シャペル※のような戦いで多くの命が失われ、三週間の基礎《きそ》訓練を受けさせて戦地に送りこむ新兵とほぼ同じ数の犠牲《ぎせい》を出してい

※一九一四年十月～十一月を第一次、一九一五年四月～五月を第二次イープルの戦いという。ベルギー西部イープル付近で行われた戦闘《せんとう》。一九一五年四月には、ドイツ軍が初めて毒《どく》ガスを使用した。

※一九一五年三月十日～十三日、フランスのヌーヴ・シャペルで行われた戦い。

たため、兵士が足りなくなってきたのだ。

そこで軍部は政府に圧力をかけて、この問題の解決をせまった。政府は手を打って、ある法律を定めたが、それは今までの常識《じょうしき》を破るようなものだった。なぜなら、この法律によって、イギリスでは歴史上初めて、イギリスの男たちに兵役《へいえき》が義務《ぎむ》づけられたからだ。こうして、男たちはいやでも軍隊に入らなければならなくなった。

ここで、初めてハワード・マーテンやアルフレッド・エヴァンズのような人が、戦争に巻《ま》きこまれることになる。彼らは良心的兵役拒否《へいえききょひ》者であり、たとえ自分が死ぬことになっても戦争に行って戦うつもりはなかったからだ。

青年たちは、さまざまないきさつをへて、窓《まど》をふさいだ港行きの列車に乗せられた。故郷《こきょう》イギリスでも戦地フランスでも恐《おそ》ろしい目にあったが、列車に乗っていたあの時こそ、青年たちにとって決定的な意味をもっていたことが、これからわかってくるだろう。

人気《ひとけ》のないホームに、手紙を投げ落としたのはだれなのか。おぼえている者はもういない。しかし、あの手紙は、列車に乗っていた十七人に貴重《きちょう》な命綱《いのちづな》を投げてくれることになるのだ。

第2章

白い羽根

アルフレッド・エヴァンズはロンドンで生まれ育ち、ピアノ工場で調律師《ちょうりつし》の見習いをしていた。頭の回転の早い若者で、冗談《じょうだん》がうまかったが、物事を深く考えるところもある。

ハワード・マーテンも同じロンドン出身だ。銀行で働いていたハワードはアルフレッドにくらべるともの静かで、ふざけることはめったにない。正義《せいぎ》感が強くて、ひとりっ子のせいか独立心も強かった。髪《かみ》を短くかりこんで、丸メガネをかけている。レンズの奥《おく》の目はするどく光っていた。

このふたりをふくめて、第一次世界大戦中に良心的兵役拒否《へいえききょひ》を申し出た人はおよそ一万六千五百人いた。良心的兵役拒否《へいえききょひ》者はだれもが同じような恐《おそ》ろしい体験をしたが、ふたりはほかの人たちが経験しなかった目にもあっている。

ふたりが生きていた頃《ころ》、いつ、いかなるときも人殺しは罪《つみ》であると

アルフレッド・エヴァンズ

ハワード・マーテン

いう信念を持つ人は少なかった。そのため、良心的兵役拒否《へいえききょひ》者たちは、たいてい世間の人から軽べつされ、悪口をいわれて、ばかにされた。良心的兵役拒否《へいえききょひ》者であることが広まると、まちがいなくそしられ、他人からも知り合いからも〈臆病《おくびょう》者〉と呼《よ》ばれ、もっとひどいことをいわれることもあった。

　良心的兵役拒否《へいえききょひ》者という意味のconscientious《コンシェンシャス》 objector《オブジェクター》は、略《りゃく》してconchie《コンチ》といわれるようなっていたが、その呼《よ》び名には軽べつの気持ちがこめられていた。大勢の良心的兵役拒否《へいえききょひ》者が道で呼《よ》びとめられ、白い羽根を手渡された。※白い羽根は〈臆病《おくびょう》者〉の印だった。

　いやがらせをいわれるだけでなく、暴力《ぼうりょく》を受けることもあった。アルフレッド、ハワード、そして列車に乗せられたほかの十五人の青年たちも、死んでもおかしくないような目にあうのだ。

※イギリスでは、ニワトリをたたかわせて勝負させる闘鶏《とうけい》で、尾に白い羽根のある雄鶏《おんどり》は弱いとされたことが由来になっている。

良心的兵役拒否者《へいえききょひしゃ》の中には、苦しめられると、その逆境《ぎゃっきょう》をばねにする人も多かったようだ。

ハワードもそのひとりといえる。

「この世に自分しかいなくても、この考えは変わらないといったことがある。実際、そんなふうに思っていた。これは、どうこういわれて変わるものではなかった」

アルフレッド・エヴァンズは、兵役拒否《へいえききょひ》を申し出た多くの仲間と同じように、世間《せけん》の人だけでなく、家族や親せきからも白い目で見られた。おばはアルフレッドに会いに来ると、お前の考えは気に入らないとはっきりいい、「ばかげたまね」はすぐやめるようにいった。そしてお金を差し出し、愚《おろ》かなまねはやめるようにといいきかせた。勤《つと》め先でも同じだった。戦争が始まって、アルフレッドが※平和主義者であることが知れわたると、ピアノ工場でいっしょに働いていた人たちはだれも口をきかなくなった。教会でも同じだった。ミサのあと、礼拝《れいはい》に来ていた人たちは、アルフレッドの前で床《ゆか》につばをはいた。

ハワードの場合は、家族や友だちといれば安心だった。ハワードと同じ※クエーカー教徒が多く、クエーカーの教えでは、暴力はすべて罪であると考えられていたからだ。


平和主義者になる理由はそれぞれだが、大きくわけるとふたつある。思想と宗教だ。

二十世紀初めは、政治活動がとても活発な時期だった。なかでも※社会主義の動きが高まって、社会主義者たちは労働者階級が支配階級の政府や雇《やと》い主や金持ちなどに利益の多くを奪《うば》われ、労働にあたるだけ

※争いは平和的手段《しゅだん》で解決するべきだと信じる人。暴力《ぼうりょく》や戦争を手段《しゅだん》として認《みと》めない。

※キリスト教の一派《ぱ》であるキリスト友会《ゆうかい》の略称《りゃくしょう》。聖書《せいしょ》の言葉のみを信じ、強い平和の精神をかかげている。

※政治思想のひとつ。社会は平等に基づく前向きな考えのもとに運営されるべきであり、資本主義のような、競争原理を中心とする考えによって運営されるべきではないという考え。

の賃金《ちんぎん》を支払《しはら》われていないと主張した。

アルフレッド・エヴァンズは、政治の関心が高い家に生まれた。父親は労働組合※に入って積極的に活動し、イギリス馬車製造職人組合の支部長を務《つと》めていた。雇《やと》い主に知れればくびになるのは覚悟《かくご》の上だった。アルフレッドは、夕食のとき家族で政治や哲学の話を始めると、食事が冷めるのも気にしないで納得《なっとく》いくまで議論しあったことをおぼえている。

アルフレッドは、とても意味深い話を父親としたことがあった。それは一九一〇年、ウェールズのトニーパンディで炭鉱夫《たんこうふ》たちが賃《ちん》上げを要求してストライキをしたときのことだ。ウィンストン・チャーチル※は第二次世界大戦では首相を務《つと》めたが、当時は内務《ないむ》長官でトニーパンディに軍隊を送るように命令した。当時はほかの労働紛争《ふんそう》も、銃《じゅう》によって制圧していた。アルフレッドは、このとき父親がいったことを

※商業・工業の労働者が作る組織。労働者たちの権利《けんり》と利益を守ることを目的とする。

※一八七四年～一九六五年。イギリスの政治家、文筆家。下院議員に当選した一九〇〇年以降、内務《ないむ》大臣、海軍大臣など、いくつもの大臣を務《つと》める。一九四〇年から一九四五年、一九五一年から一九五五年の二回にわたって首相を務《つと》める。一九五三年には「第二次世界大戦回顧《かいこ》録」でノーベル文学賞を受賞。

記憶している。

「家族がまともな暮《く》らしができるようにと思って、父さんがストライキに参加したとしよう。そのとき、もしもおまえが兵士になっていたら、おまえは父さんを撃《う》つことになるんだ」

この言葉には、社会主義者が戦争に反対した理由がよく表れている。社会主義者たちは、一般《いっぱん》の人々に国境はなく、みな仲間だと信じていた。そして、自分の国の支配階級を敵と呼《よ》んで、世界中の労働者を仲間と考えた。それは、支配階級の政府が戦争をしている相手国でも変わらない。社会主義者たちは、第一次世界大戦は必要のない戦争だと考えていた。労働者にとって、この戦争はヨーロッパの支配者が国の領土を広げるために始めたにすぎなくて、自分たちは大砲《たいほう》の砲弾《たま》にされていると考えていた。

アルフレッドの場合、宗教上の信念も加わって、戦争反対の気持ちは一層《いっそう》強いものになっていた。この宗教上の信念が、兵役《へいえき》を拒否《きょひ》するもうひとつの大きな理由だ。ハワードはこのタイプだった。平和主義的な家庭に生まれ、父親は一般《いっぱん》にクエーカーと呼《よ》ばれるキリスト友会《ゆうかい》の一員だった。基本的にクエーカーは聖書《せいしょ》の教えだけを信じて、ほかに教義はない。特定の人を聖職者《せいしょくしゃ》にすることもなかった。そして、絶対的な平和主義を信念としていた。

ハワードは小学生の頃《ころ》から、ある程度の考えを持っていたことをおぼえている。

「小さい頃《ころ》から、いつも平和主義にひかれていた。戦争をして暴力《ぼうりょく》をふるうことには、どうしても賛成できなかった。それは、キリストの教えに反すると思っていた」

アルフレッドとハワードは、戦争初期、徴兵制《ちょうへいせい》が始まる前から、大変な時代になってきたことを感じていた。国民の大半は戦争を強く支持していたが、徴兵制《ちょうへいせい》に賛成する人は多くなかった。それでも、軍部や政府が徴兵制《ちょうへいせい》を始めようとしていることはまちがいなかった。

一九一五年七月、国民登録法《とうろくほう》という法律が提出された。八月になって、この法律が施行《しこう》されると、十六歳《さい》から四十歳《さい》までの男は全員、国民登録《とうろく》をしなければならなくなった。政府はこれを徴兵制《ちょうへいせい》の足がかりにするつもりはないといったが、平和主義者の多くは疑《うたが》いを持っていた。

戦争の死傷者は増え続けている。※塹壕《ざんごう》戦での攻撃《こうげき》や反撃《はんげき》によって、おびただだしい死者が出ていたうえに、空中戦もあり、さらには敵の塹壕《ざんごう》を襲撃《しゅうげき》するために掘《ほ》ったトンネルでの戦闘《せんとう》もあった。一九一五年には、※塩素ガスが兵器として初めて使用されると、すぐにいろいろな化学薬品が使われるようになり、死者の数は増える一方だった。

軍はさらに多くの兵士が必要になり、政府は打つ手を探していた。

次に登場したのが「※ダービー計画」だった。政府は男たちに呼《よ》びかけて、召集《しょうしゅう》されたら入隊すると宣誓《せんせい》させた。このとき政府は、結婚している男たちに、独身者が全員召集《しょうしゅう》されたあとでなければ軍隊に入れることはないと約束した。その結果、結婚している者は安心してダービー計画に従《したが》った。それなら自分たちが召集《しょうしゅう》されることはないと思ったのだ。しかし、結婚している者の多くはまもなく戦争にかり出されることになった。

※塹壕《ざんごう》の中で敵を待ち構えて、機関《きかん》銃《じゅう》などで射撃《しゃげき》する戦い方。

※有毒の気体。黄色く、カルキ臭《しゅう》がする。目、鼻、口、肌から体内に入り細胞が破壊《はかい》されると、失明したり、窒息《ちっそく》して死亡したりすることもある。

※一九一五年後半に実施された政策。ダービー卿《きょう》が計画の指揮にあたったことからこう呼《よ》ばれる。この計画に基づき、青年は軍隊に入るように説得を受け、召集《しょうしゅう》されたらすぐ入隊すると宣誓《せんせい》させられた。

同じころ、「※徴兵《ちょうへい》反対同盟《どうめい》」と呼《よ》ばれる団体が誕生《たんじょう》した。目的は徴兵制《ちょうへいせい》に反対して、平和主義の信念を示す道を選んだ人を見守って、支えになることだった。この組織は良心的兵役拒否《へいえききょひ》者が軍部と戦っていくのになくてはならない存在だった。そして、アルフレッドとハワードの場合にも重要な役割を果たすことになる。

ハワードは、ロンドン近郊にある徴兵《ちょうへい》反対同盟《どうめい》ハロウ支部の支部長になった。当時、徴兵制《ちょうへいせい》が始まる以前から、自分の信念の意味をいやでも考えさせられたという。

「徴兵制《ちょうへいせい》に対して、考えが変わったことはない。……徴兵制《ちょうへいせい》が始まる以前から、自分の信念と行動をどこまで一致《いっち》させられるかという問題は、すでに突きつけられていた。つまり、撃《う》たれる瞬間《しゅんかん》まで、平和主義をつらぬき通す覚悟《かくご》はあるのか、ということだ。しかし当時は、

※フェナ・ブロックウェイという新聞編集人の呼《よ》びかけによって作られた徴兵制《ちょうへいせい》に抵抗する人のための組織。一九一五年当時には地方支部が全国に約二百もあった。

事態が本当にそこまでいくとは思ってもいなかった」

ふだん、このような考えや信念を自分の意見として持っていても、いざ試練《しれん》の中に置かれたら、その信念をつらぬき通せるかどうかはわからない。ましてや、ハワードとアルフレッドが受けることになる試《し》練《れん》は、あまりに過酷《かこく》なものだった。

第3章

険《けわ》しい道のり

一九一六年三月二日、戦争開始から一年半後、※兵役《へいえき》法という法律が施行《しこう》された。

戦争が始まった直後から、若い男たちへの圧力は強くなるばかりだった。戦地フランスへ行ったきりもどらなかったり、手足を失って帰ってきたりする人が増えるにつれて、戦争に行かないと、なまけ者や臆病《おくびょう》者とみなされるようになっていた。

※議会内新兵募集《ぼしゅう》局は、ポスターを使って呼《よ》びかけた。有名なスローガンをいくつかあげてみよう。

「〈大戦《グレート・ウォー》〉で、パパはどんなお手がらをたてたの?」このスローガンの下には、父親のひざの上にすわる小さな女の子の絵がえがかれている。

ほかに「イギリスは君を必要としている」「イギリスの女たちはいう――『さあ、行って戦いなさい!』」などがある。兵役《へいえき》法が施行《しこう》さ

※一九一六年三月に施行《しこう》されたイギリス初の徴兵制《ちょうへいせい》を定めた法律。

※政府の機関。軍隊の新兵募集《ぼしゅう》に関するすべての業務《ぎょうむ》を監督《かんとく》するところ。

「イギリスは君を必要としている」という内容のポスター。人物は第一次世界大戦当時、陸軍大臣をつとめたキッチナー（1850～1916）。

「イギリスの女たちはいう―
『さあ、行って戦いなさい！』」
女性や子どもが出征《しゅっせい》する兵士を見送る姿がえがかれている。

れる直前のスローガンは「君も軍隊で行進《マーチ》しよう。それとも三月二日《マーチ》まで待つつもりか」だった。

兵役《へいえき》法が施行《しこう》されると、十八歳《さい》から四十一歳《さい》までの独身の男たちは義務《ぎむ》として、だれもが軍隊に登録《とうろく》しなければならなくなった。

しかし、アルフレッドとハワードは※召集令状《しょうしゅうれいじょう》を受け取っても、召集《しょうしゅう》に応じなかった。そうしていると警察《けいさつ》官が来て、兵役免除審査《へいえきめんじょしんさ》局に連れて行かれることになっていた。この審査《しんさ》局とは、政府が地区ごとに設立した裁判所《さいばんしょ》のようなところだ。

審査《しんさ》局の役割は、兵役免除《へいえきめんじょ》の申し立てを審査《しんさ》することだった。申し立てを認《みと》める理由はいろいろあって、宗教心や道徳心による良心的兵《へい》役拒否《えききょひ》もふくまれていた。審査《しんさ》局は、無条件兵役免除《へいえきめんじょ》、もしくは「非《ひ》戦闘《せんとう》業務」を言い渡すことができた。非戦闘《ひせんとう》業務を言い渡されると、

※「ただちに軍隊に入隊せよ」という内容の軍隊から送られてくる命令書。命令にそむき入隊しない者は脱《だっ》走兵《そうへい》と見なされた。

兵役拒否者《へいえききょひ》でも、戦闘任務《せんとうにんむ》ではないとはいえ、国が重要とみなした仕事につかなければならない。仕事の内容は、農業や医療《いりょう》に関するものから炭鉱《たんこう》労働、弾薬《だんやく》作りまでいろいろだった。

審査《しんさ》局はこのとき初めて作られた組織だった。審査《しんさ》官には、その土地の名士や商人、教会関係者や軍人が選ばれた。審査《しんさ》の基準は決まっていたが、やり方は審査《しんさ》局ごとに大きくちがっていた。リヴァプールの審査《しんさ》局はびっくりするほど厳《きび》しく、マンチェスターはだいたい公平といわれていた。

ハワードは、審査《しんさ》官たちをこう回想している。

「わたしが行った地方審査《しんさ》局は、敵意むき出しだった。審査《しんさ》官たちに、物事を見きわめたり、理解したりする力など、たいしてありはしなかった」

審査《しんさ》局では、良心的兵役拒否《へいえききょひ》者に対してどんなに良くいっても「いじめ」、悪くいえば法律違反《いはん》にあたるようなひどいことが数えきれないほど行われていた。ほんの一部にすぎないが、次に例をあげよう。

ロンドンのレイトン審査《しんさ》局の審査《しんさ》官は、自分たちに無条件兵役免除《へいえきめんじょ》を許可する権限はないといった。だが、つい六日前、ある人を無条件兵役免除《へいえきめんじょ》にしたばかりだった。

※イングランド地方北東部ノーザンバーランド州の審査《しんさ》局の局長は、非戦闘《ひせんとう》業務を拒否《きょひ》すれば銃殺《じゅうさつ》だといった。

同じく北東部南ヨークシャー州シェフィールドでも、無条件兵役免《へいえきめん》除《じょ》を受けたい者は死ぬしかないといった。

北西部カンブリア州の審査《しんさ》局では、出頭《しゅっとう》したろうあ者が自分の代

※イギリスの四地方のうちのひとつ。イギリスは正式国名を「グレートブリテンおよび北アイルランド連合王国」といい、イングランド地方のほか、スコットランド地方、ウェールズ地方、北部アイルランド地方からなる。

わりに父親に話をしてもらおうとしたが許可されず、兵役免除《へいえきめんじょ》の申し立ても却下《きゃっか》された。

イングランド中西部ウエストミッドランド州では、体が不自由なうえ、病気で審査《しんさ》局に行けなかった人が、兵役免除《へいえきめんじょ》の書類を友人に届けてもらったら、審査《しんさ》局は書面では受けつけられないといって書類を受け取らなかった。もちろん、そんなことは法律で決められていない。

北西部ランカシャー州の審査《しんさ》局は、いっしょに審査《しんさ》を受けにきたふたりの兄弟のうち、ひとりの申し立てを却下《きゃっか》すると、もうひとりの訴《うった》えは〈時間のむだ〉といってききもしなかった。

ロンドンのバーモンジーでは、審査《しんさ》の間、新聞を読んでいる審査《しんさ》官がいたので、申し出た人が抗議《こうぎ》した。すると「君は申し立てに来たんだろう。だったら続けろ」といわれた。その審査《しんさ》官は、申し立てが終わると機械的にさっと手を上げ、内容をきかないまま却下《きゃっか》した。

イングランド地方南東部オックスフォードでは、社会主義者は兵役《へいえき》免除《めんじょ》にならなかった。

中西部ウエストミッドランド州では、申し立てに来た人が審査《しんさ》官から「本当に君はだれも殺したくないというのかね」ときかれて「はい」と答えると、「情けないやつだ！」という言葉がかえってきた。

同じく中西部ウスターシャー州では、キリスト教を信仰《しんこう》していることから兵役免除《へいえきめんじょ》を申し出た人がこういわれた。「だが、キリスト教の精神でいちばん大事なのは戦うことだろう。旧約聖書《きゅうやくせいしょ》は戦いだらけではないか」

審査《しんさ》局はいくら良心的兵役拒否《へいえききょひ》者の主張をきいても、臆病《おくびょう》者が命をおしがっているくらいにしか考えられなかったようだ。

審査《しんさ》局には、得意の質問がいくつかあった。兵役免除《へいえきめんじょ》の言い分をく

ずすための質問だ。たとえば、

「ドイツ人が妹（または母親）に乱暴したら、どうするか」

答えが少しでも攻撃《こうげき》的なものなら、良心的兵役拒否《へいえききょひ》など見せかけにすぎないという。

「家族を守るために戦います」と答えると、

「だったら国民を守るために戦えないのはなぜか」ときく。「間に入って、なんとか仲裁《ちゅうさい》する」、「話をつけるように努力する」と、答える人もいた。

個人的な戦いと、国対国の組織的な戦争のちがいを慎重《しんちょう》に説明する人もいた。しかし、この難問《なんもん》にきちんと答えようと一生懸命《けんめい》になるあまり、結局、兵役免除《へいえきめんじょ》にならない人が多かった。

ところが、兵役免除《へいえきめんじょ》は実際、あちこちの審査《しんさ》局で認《みと》められていた。理由は却下《きゃっか》になった理由と同じくらい妙《みょう》だった。たとえば、ある人が兵役《へいえき》を免除《めんじょ》されたのは、部隊にワインをおさめる業者だったからだ。同じ理由でブレントフォードビール醸造《じょうぞう》会社の社員も全員、兵役《へいえき》を免除《めんじょ》された。※キツネの狩猟《しゅりょう》場で働く人が兵役免除《へいえきめんじょ》になったのは、その仕事が国家的に重要だと見なされたからだった。

一九一六年三月、アルフレッドとハワードは当時の良心的兵役拒否《へいえききょひ》者一万六千五百人と同じく審査《しんさ》局に行き、地元で名士と呼《よ》ばれる年長の実業家や聖職者の審査《しんさ》を受けた。女性の審査《しんさ》官はめったにいない。裁判《さいばん》官や判事《はんじ》など、法律関係の仕事をしたことのある審査《しんさ》官は、大きな町の審査《しんさ》局にしかいなかった。審査《しんさ》は地方裁判所《さいばんしょ》や公会堂などで行われ、一般《いっぱん》の人々に公開することになっていたが、法律を無視《むし》して密室《みっしつ》で行われることも多かった。

※キツネ狩りはイギリス貴族の間で人気のある趣味《しゅみ》のひとつ。

同じ良心的兵役拒否者《へいえききょひ》でも、どの仕事ならしてもいいかという点で意見がわかれた。軍関係の仕事には、なにひとつつくべきでないと考える人もいた。審査《しんさ》局に行く前のアルフレッドは、そうは思っていなかったが、のちの経験で考えを変えることになる。

アルフレッドは、審査《しんさ》局で※英国陸軍医療《いりょう》部隊の任務《にんむ》ならついてもいいといった。前線や後方で、負傷《ふしょう》兵の手当てをする仕事だ。アルフレッドの訴《うった》えはきき入れられ、審査《しんさ》局から兵役免除《へいえきめんじょ》の証明書が発行された。ところが、アルフレッドを待ち受けていたのは医療《いりょう》部隊の任務《にんむ》などではなかった。

四月二十五日、アルフレッドはロンドン西部イーリングにある徴《ちょう》兵《へい》事務所に報告に行った。係官に証明書を出すようにいわれて差し出すと、係官は目の前で証明書を破り捨《す》てた。そして別の書類を机に置き、※非戦闘《ひせんとう》部隊に入るよう命じた。係官はその場で書類にサインしろ

※救急医療《いりょう》活動を行う陸軍部隊。

※政府設立の陸軍所属の部隊。あつかいは戦闘《せんとう》部隊と同じ。戦闘任務《せんとうにんむ》につかないため、良心的兵役拒否者《へいえききょひ》も喜んで入隊するという考えのもとに設立された。

といい、アルフレッドに書類を読む時間もあたえなかった。

アルフレッドがサインできないというと、係官はすぐに伍長《ごちょう》とふたりの兵士を呼《よ》びつけた。アルフレッドは護送《ごそう》兵の監視《かんし》のもと、近くのハウンズロー兵営《※へいえい》に連行《れんこう》された。アルフレッドはどうしたらいいのかわからなかった。しかし、ここはしばらくなりゆきに任《まか》せてみることにした。

ハワードの考え方は、またちがっていた。ハワードは〈完全なる〉無条件兵役拒否《へいえききょひ》者といわれるような人たちとはちがうが、それでも軍隊の命令にはいっさい従《したが》えないと考えていた。その結果、ハワードの申し立ては審査《しんさ》局で認《みと》められなかった。ハワードは治安判事裁判所《ちあんはんじさいばんしょ》に行くと、軍の護送《ごそう》兵を待つように命令され、ロンドン南部のミル・ヒル兵営《へいえい》に連行《れんこう》された。

※兵士が寝《ね》起きをする兵舎《へいしゃ》などのあるところ。

アルフレッドとハワードにとって、事態は危険《きけん》な方向へ向かっていた。こうしてふたりは、あまりうれしくない場所で、まもなく出会うことになる。

第4章

仲間とともに

一九一六年四月、ハワードとアルフレッドは軍隊に入れられてしまった。

ハワードは、すぐにいくつかの決断にせまられた。

まず、軍部から軍服を着るように命じられた。ハワードは気がすすまなかったが、担当の兵士は力づくでも着せろと命令されているにちがいない。腕力《わんりょく》による抵抗《ていこう》はするべきでないと信じていたハワードは、しかたなく軍服を着ることにしたが、服装《ふくそう》で信念は変えられないと抗議《こうぎ》した。

「いざというときは、服装《ふくそう》より、行動のほうがずっと大切だ。それに自分の意志に反することの中には、いくら強制されたところで絶対に従《したが》えないこともある」

ハワードは、海に面したサフォーク州フェーリクストーにあるランドガード駐屯地《ちゅうとんち》へ送られた。

軍服を着る命令に抵抗《ていこう》する人もいた。たとえばハワード・ブレイクには、軍曹《ぐんそう》がふたりがかりで無理やりズボンをはかせにかかった。ところが、ズボンの片方の足に両足を入れようとしていたことに気がついて、三人そろって笑いだしてしまった。そのあとは、打ちとけて着《き》替《が》えを終え、最後には握手《あくしゅ》までかわしたという。

クエーカーのジョージ・ダッチの場合は、そううまくいかなかった。軍服を拒否《きょひ》すると、駐屯地《ちゅうとんち》の曹長《そうちょう》は良心的兵役拒否者《へいえききょひしゃ》などただの腰《こし》抜《ぬ》けだといいはなって、ジョージの服をはぎとらせた。そして、ジョージを海につきでた崖《がけ》のテントに置き去りにした。冷たい霧《きり》の中、テントのはしがめくりあげられ、凍《こご》え死にしたくなかったら軍服を着るよりほかにない。ところがジョージは下着だけで十日以上もテントの中にすわり続け、ついに軍医がストップをかけた。

アルフレッドは、もう少し幸運だった。ハウンズスローの兵営《へいえい》で戦《せん》闘任務《とうにんむ》に適格《てきかく》とされたが、アルフレッドはもう一度、英国陸軍医療《いりょう》部隊の任務《にんむ》ならついていてもいいと申し出てみた。しかし、大佐《たいさ》から自分の力ではどうにもならないといわれ、結局、フェーリクストーのランドガード駐屯《ちゅうとん》地へ送られることになった。そのとき大佐《たいさ》から、逃《に》げないと誓《ちか》えば護送《ごそう》兵をつけずに、ひとりで行かせてやろうといってもらえた。もちろんアルフレッドは逃《に》げないと宣誓《せんせい》し、おかげで家族や徴兵《ちょうへい》反対同盟《どうめい》と連絡を取ることができた。

そしてアルフレッドは約束を破ることなく列車に乗り、フェーリクストーに向かった。しかし、胸《むね》は不安でいっぱいだった。

フェーリクストーに着くと、町はドイツ軍のツェッペリン飛行船に※

※ドイツの軍人・発明家フェルディナンド・ツェッペリンが一九〇七年に開発した硬式《こうしき》飛行船。ガスをおさめる部分がほとんど折りたためた軟式《なんしき》飛行船と異なり、軽金属や木材でじょうぶに作られている。

よる空襲《くうしゅう》の真《ま》っ只中《ただなか》だった。

ロンドンとイギリス東岸は、この開発されて間もない飛行船からたびたび空襲《くうしゅう》を受けていた。あちこちの都市に、構造は単純《たんじゅん》でも破壊《はかい》力の大きい爆弾《ばくだん》が落とされた。ツェッペリンは大型船だったため、機《き》敏《びん》に動けず、打ち落とすのは簡単だった。それでも、イギリスを初めて空襲《くうしゅう》にさらし、多くの人に恐《おそ》れられていた。

アルフレッドはランドガード駐屯《ちゅうとん》地に着くと、仮兵舎《かりへいしゃ》に入れられた。そこには二十人くらいの非戦闘《ひせんとう》員たちがいた。みんな、いろいろな理由で兵役《へいえき》を免除《めんじょ》してもらおうとしたが、認《みと》められなかった者たちだ。その非戦闘《ひせんとう》員たちがいうには、ここの待遇《たいぐう》は悪くない、気楽《きらく》なものだということだった。

しかし、アルフレッドの決心は変らなかった。非戦闘《ひせんとう》部隊は陸軍のために働き、戦力を支える作業をいくつも受け持っている。多くの良心的兵役拒否者《へいえききょひ》と同じように、アルフレッドもこんなことは受け入れられなかった。アルフレッドはいつもの率直《そっちょく》な言い方で、非戦闘《ひせんとう》部隊に加わるつもりはないといった。

「戦う者のために、砲弾《ほうだん》や武器を運ぶのがいいことだとは思えない、という考えをわかってもらおうとしたんだ」

アルフレッドは、兵舎《へいしゃ》の非戦闘《ひせんとう》員たちからもばかにされた。しかし、そういう男たち自身、一度は兵役免除《へいえきめんじょ》を申し出たことがあったのだ。アルフレッドはこういう信念のない行動は大嫌《きら》いだった。兵士でも信念のもとに行動していれば心から尊敬した。

「兵士になるべきだと心から思えるなら、そうするべきだ」

といったこともある。

翌日《よくじつ》、アルフレッドはまったく命令に従《したが》わなかったため、駐屯《ちゅうとん》地の責任者グリーンフィールド少佐《しょうさ》の前に連れて行かれた。少佐《しょうさ》が話のわかる人物だということをおぼえていたアルフレッドは、もう一度医《い》療《りょう》部隊へ入隊させてくれるように願い出てみた。しかし、少佐《しょうさ》から自分にその権限《けんげん》はないといわれて非戦闘《ひせんとう》部隊のもとへ帰され、今度は「雑役《ざつえき》」を命じられた。それはジャガイモの皮むきだったため、アルフレッドは言われたとおり作業をしたが、軍事的な命令にはやはり従《したが》わなかった。

担当の伍長《ごちょう》は、すぐにアルフレッドのことを軍曹《ぐんそう》に報告した。まもなく、アルフレッドはふたたびグリーンフィールド少佐《しょうさ》の前に連れ出された。もう、少佐《しょうさ》の態度にやさしさはなかった。そしてアルフレッドに四週間の戦地刑罰《けいばつ》第一号を言い渡した。

戦地刑罰《けいばつ》第一号とは、陸軍の下すことのできる刑罰《けいばつ》のうちで最も厳《きび》しく、死刑《しけい》とほとんど変わらなかった。刑《けい》を執行《しっこう》する方法はいろいろあるが、もともとは戦場で行われた懲罰《ちょうばつ》から生まれた刑《けい》で、罰《ばつ》を受ける人は砲撃《ほうげき》をしている大砲《たいほう》の巨大な車輪にしばりつけられる。そして大砲《たいほう》の強烈《きょうれつ》な反動で激《はげ》しく揺《ゆ》さぶられ、体ががたがたになるのはもちろん、敵による攻撃《こうげき》の危険《きけん》にもさらされた。

アルフレッドは営倉《※えいそう》へ連行《れんこう》された。そこで初めてハワード・マーテンと顔を合わせた。ほかに十五人の良心的兵役拒否者《へいえききょひ》がいた。全員、非戦闘《ひせんとう》業務を拒否《きょひ》した人たちだった。

二日後、良心的兵役拒否《へいえききょひ》者の青年たちは、四週間の刑罰《けいばつ》の内容をき

※兵営のなかにある拘置所《こうちしょ》。軍の規《き》律《りつ》を破った者を罰《ばつ》として入れる。

かされた。それからフェーリクストーに流れてくるストゥール川を渡り、ハリッジという町へ行った。

そこには、ナポレオン戦争時代に建てられた古い要塞《ようさい》があった。

ハリッジ要塞《ようさい》だ。

第5章

闇《やみ》の中で

ハリッジ要塞《ようさい》には、今でも重苦しい雰囲気《ふんいき》がただよっている。

この要塞《ようさい》は、一八〇六年から一八一〇年にかけて築《きず》かれたものだった。イギリスがナポレオン※率《ひき》いるフランス軍の侵略《しんりゃく》におびえていた頃《ころ》のことだ。

要塞《ようさい》は巨大な建物で、コンクリートで作られていた。壁《かべ》の厚さは約一メートル。ドーナツ型で、要塞《ようさい》の直径は六十メートルある。真ん中には直径二十五メートルの円形の練兵場《※れんぺいば》があった。

この要塞《ようさい》は、もともとフランス軍からイギリスを守るために作ったものだった。しかし、その目的で使ったことは一度もなく、一九〇〇年代からは兵営《へいえい》になっていた。そして、第一次世界大戦が始まってからは、軍事刑務所《けいむしょ》になっていた。

良心的兵役拒否《へいえききょひ》の青年たち十七人は、フェーリクストーのランドガード駐屯《ちゅうとん》地からこの刑務所《けいむしょ》に送られた。一九一六年四月のことだ。

※一七六九年〜一八二一年。フランスの軍人、政治家。フランス革命《かくめい》後、一八〇四年から一八一四年までフランス皇帝《こうてい》となる。一八〇五年、イギリスを滅《ほろ》ぼすためにイギリス上陸作戦を行うが、失敗に終わる。

※兵営《へいえい》の中に作られた、兵士が戦闘《せんとう》訓練や演習などを行うところ。

アルフレッドは、ハリッジ要塞《ようさい》での日々が忘《わす》れられそうになかった。

「本当にひどい所だった。言い渡された刑罰《けいばつ》も、それは過酷《かこく》なものだった」

良心的兵役拒否者《へいえききょひしゃ》たちは、すぐ問題になった。軍の命令には従《したが》わないという決意を変えず、演習《えんしゅう》に参加することを拒否《きょひ》したからだ。

そして、ハワードたち五人が手錠《てじょう》をかけられて、練兵場《れんぺいじょう》の壁《かべ》に向かって立たされた。

五人が立っていると、人なつこいネコが一匹《ぴき》やってきて、青年たちの足に体をこすりつけ始めた。すると、ハワードの右にいた青年が声をひそめていった。

「やあネコちゃん、ここじゃ、おまえのほうがよっぽど人間らしく見えるな！」

この罰《ばつ》は、ほんの手始めにすぎなかった。ハワードたちは、体も声もやたらと大きい軍曹《ぐんそう》から、演習《えんしゅう》に参加しないともっとひどい目にあわせるぞと警告《けいこく》された。

しかし、五人は拒否《きょひ》し続けた。すると次の日、三日間の独房《どくぼう》行きを言い渡され牢屋《ろうや》にひとりずつ閉《と》じこめられた。あたえられた食事は乾《かん》パンと水だけだった。

独房《どくぼう》は丘《おか》の斜面《しゃめん》を掘《ほ》って作られ、奥《おく》に向かって三室ならんでいた。二番目の独房《どくぼう》に届《とど》く光は、一番目の独房《どくぼう》とのしきり壁《かべ》にはめこまれたきたない窓《まど》から入る明かりだけだった。同じように、三番目の独房《どくぼう》の明かりは二番目の窓《まど》からの光だけだった。三番目の独房《どくぼう》では、字が読めるくらい明るくなることはない。一番目の独房《どくぼう》でも、うす暗いことに変わりはなかった。

夜、独房《どくぼう》はとても寒かった。昼間は毛布とコートが没収《ぼっしゅう》され、やはり体は温《あたた》まらなかった。家具らしいものは何もなく、テーブルの代わりにする小さな鉄板がひとつ、壁《かべ》にそなえつけられているだけだった。

アルフレッドは、独房《どくぼう》の恐怖《きょうふ》をありありと思い出す。中はほとんど真っ暗で、壁《かべ》から水がしたたり落ち、ドブネズミが何度も出た。囚《しゅう》人《じん》は日に一度、ほんの短い時間だが、外に出ることを許されて体を洗《あら》った。しかし、運動は禁止されていた。

一日の食事は、乾《かん》パン八個と水がほんの少しだけだった。

ハワードは独房《どくぼう》にいる間、落ちこまないためにうす暗い牢屋《ろうや》の中を歩きまわった。にぎやかな町の通りや、田舎の小道を歩いているつもりになって、足を動かし続けた。

要塞《ようさい》に来て最初の日曜日のことだった。昼前にハワードたちは独房《どくぼう》から出され、兵舎《へいしゃ》でほかの良心的兵役拒否者《へいえききょひしゃ》たちと顔を合わせた。これはハワードにとって貴重《きちょう》な機会になった。

「われわれの姿《すがた》は、ちょっとした見ものになっていたにちがいない。カーキ色の軍服姿で、尻《しり》には背嚢《※はいのう》やマットレスやコートをしいて、輪になってすわった。仲間とすごしたあの時間のおかげで、気持ちがとても落ち着いたものだ」

こうして十七人は話ができた。アルフレッド、ハワード、そしてそのほかの人もみんな、自分たちの置かれている状況《じょうきょう》を熱心に語り合った。軍が兵士にするつもりでいることはまちがいない。士官は脅《おど》しや暴言《ぼうげん》や体罰《たいばつ》で、信念を捨《す》てさせようとしている。しかしこうした

※軍人が持ち物を入れて背負う四角い形のかばん。

仕打ちは、青年たちの信念を強めただけだった。

ところがひとつ、難問《なんもん》が持ちあがった。細かい点で意見が合わないのだ。青年たちは健康だったし、働くことに反対する気持ちはまったくなかったが、軍務《ぐんむ》にあたるような仕事はしたくなかった。ハワードは真剣《しんけん》に考えた。どこまでが軍務《ぐんむ》なのか。なにもかも拒否《きょひ》するのは、ばかげたことではないのか。

ようやく、要塞《ようさい》内の家事的な労働ならしてもいいと決め、軍事訓練は拒否《きょひ》し続けることにした。

しばらくの間、青年たちは要塞《ようさい》の外の仕事も引き受けて、手押し車で海岸から石を運んだ。しかし、その石が駐屯《ちゅうとん》地への道路作りに使われることを知ってからは、外の仕事は拒否《きょひ》することにした。

その代わりとして、青年たちはばかげた仕事をいろいろ命令された。たとえば、犬のような格好《かっこう》になって、手とひざで練兵《れんぺい》場の敷石《しきいし》をみがくように命じられた。モップを使えばもっと早くきれいになるのはいうまでもない。

またあるときは、練兵場《れんぺい》の中央にある井戸の水をバケツでくみ上げて、井戸を空《から》にしろと命じられたこともあった。青年たちは死ぬまでこの作業をさせられるところだったが、バケツを上げ下げするくさりが古く、さびていたために切れて、バケツといっしょに井戸の中に落ちてしまった。おかげで水くみからは解放された。

良心的兵役拒否者《へいえききょひ》たちは話し合いで決めた通り、要塞《ようさい》の家事的な労働をした。そのなかでハワードが好きだったのは、士官の身のまわりの片付《かたづ》けだった。

「片付《かたづ》けながら、ときどき士官の目を盗《ぬす》んでお茶をひと口飲んだり、乾《かん》パンを一個くすねたりした。忘《わす》れられないのは、マーマレードの空《あ》きびんを抱《だ》きかかえ、ビンの内側を汚《よご》れた指でぬぐって、わくわくしながら甘《あま》い味を味わったことかな」

刑罰《けいばつ》は続いていた。アルフレッド、レンデル・ワイアット、バーナード・ボナーの三人は拘束衣《※こうそくい》を着せられ、練兵場《れんぺいじょう》の壁《かべ》を背《せ》にして立たされた。五月になって、照りつける日差しの中、看守《かんしゅ》は拘束衣《こうそくい》のひもをしめあげた。数時間後、三人はやっと監房《かんぼう》にもどされた。

ハワードたちはこんなにひどい目にあっても、自分たちよりつらい思いをしている人への思いやりを忘《わす》れることはなかった。

「あんな食事ではやせる一方だったし、それを笑い飛ばすのが大変なときもあった。自分たちは屋内の作業でも飢《う》え死にしそうだったから、ほかの不幸な囚人《しゅうじん》たちに心から同情した。彼らは粗末《そまつ》な食事で昼間

※手足などを動かせないようにして、体の自由を奪《うば》う服。

はきつい肉体労働、そして朝と晩には行進演習《えんしゅう》までさせられていたのだ。しかも全装備《そうび》を身につけて……。

毎晩《まいばん》、消灯《しょうとう》後一、二時間は、監房《かんぼう》中に口ぎたない言葉が響《ひび》き渡っていたものだ」


だが、このままではすまなかった。軍部は、これ以上青年たちの不《ふ》服従《ふくじゅう》を見逃《みのが》すわけにはいかないと考え、ある計画をたてた。

五月六日土曜日、良心的兵役拒否《へいえききょひ》の青年たちは、ふたたび川を渡って、フェーリクストーのランドガード駐屯《ちゅうとん》地の兵舎《へいしゃ》にもどされた。そして夕食後すぐに、クロフト大佐《たいさ》の前にひとりずつ連れ出された。ひとりもどってくるたびに、順番を待っている者は大変なことになったと察《さっ》した。しかし衛兵《えいへい》がいて、話をすることはできなかった。やがて、アルフレッドの番になった。

中に入ると、クロフト大佐《たいさ》のまわりには部下の士官たちの姿《すがた》もあった。「気の毒《どく》だが」大佐《たいさ》はいった。「陸軍司令部より指令があった。君たちを軍法会議※にかける命令を取り消し、フランス東部第二中隊非戦《ひせん》闘《とう》部隊へ送るようにとのことだ」

アルフレッドもほかの青年たちも、たいしておどろきはしなかった。要塞《ようさい》の看守《かんしゅ》から、〈くたばる〉のも時間の問題だとさんざんいわれていたからだ。

「ある士官からは、手錠《てじょう》をかけてフランスまで連れて行き、戦闘任務《せんとうにんむ》につかせて、抵抗《ていこう》したら銃殺《じゅうさつ》してやるといわれていた」

さらに大佐《たいさ》は、一度フランスに入ってしまうと、〈議会にいる友人〉

※軍人が軍人の裁判を行う軍の特別刑事裁判所《けいじさいばんしょ》。

にも、打つ手はないだろうといった。十七人は、給料簿《きゅうりょうぼ》にサインして戦闘《せんとう》手当を受け取るよういわれても、サインしなかった。遺言《ゆいごん》書を作るようにいわれても、作らなかった。

こうして事態はいよいよ危険な方向へ向かっていった。そして三十六時間後、青年たちはフランスの地を踏《ふ》むことになる。

第6章

地《じ》獄《ごく》へ向かって

ここで物語は、最初に登場した列車とつながる。青年たちはあわただしく朝食をすませると、フェーリクストーを発《た》つ列車に乗せられた。五月七日、午前三時だった。列車には十七人のほか、非戦闘《ひせんとう》部隊の兵士たちも乗っていた。列車がロンドンを避《さ》けるように遠回りをしたこと、夜が明ける前に出発したことを考え合わせると、軍がこの計画をひそかに進めているのはまちがいなかった。

列車はのろのろと時間をかけて、ようやくサウサンプトンに到着《とうちゃく》した。夕方おそく、時刻は五時四十五分になっていた。それから青年たちは、すぐにフランス行きのヴァイパー号という名前の蒸気《じょうき》船に乗せられた。※迷彩《めいさい》色に塗《ぬ》られたその船は、一時間もたたずに出航《しゅっこう》した。

ヴァイパー号に乗った青年たちは、暗い船室に閉《と》じこめられた。明かりをつけるのは禁じられていた。そして青年たちにフェーリクス

※敵の目をごまかすため戦闘《せんとう》機や軍《ぐん》艦《かん》、戦車などに塗《ぬ》られた色。

トーで没収《ぼっしゅう》された持ち物がかえされた。この船はフランス行きの兵員輸送船で、フランスに着いたら〈自由の身〉になり、これまでの罪《つみ》は取り消されるという話もあった。

軍の規則で、船の中で手錠《てじょう》をかけてはいけないことになっていたため、青年たちの手錠《てじょう》ははずされた。

その日の午前三時以来、初めての食事があたえられた。お茶と乾《かん》パンとコンビーフだった。

青年たちは船酔《ふなよ》いする者が多かった。定員をはるかに超《こ》える人数がつめこまれていたうえ、船室が暗かったせいもある。このため、寝《ね》ているとだれかのはいたものの上にころがってしまったり、歩いていて踏《ふ》みちらかしてしまったりした。

ようやく、甲板《かんぱん》に出てもいいという許可が出た。外はうす明かりがさし、まわりの様子がぼんやりと見えた。このとき、ハワードはすさまじい光景を目にして、衝撃《しょうげき》を受けた。

「あのときのことは、一生忘《わす》れられないだろう。船のすみずみにまで人間がひしめき合っていた。ぞっとして、一瞬《いっしゅん》、自分の置かれた状況《じょうきょう》を忘《わす》れてしまったほどだ。フランダース※地方に広がる戦場での、おぞましい悲劇《ひげき》を見せつけられたような気がした」

船に乗っていたのは、前線に向かう若い新兵《しんぺい》だった。ハワードは戦争の規模《きぼ》を考え、そら恐《おそ》ろしくなった。若く無邪気《むじゃき》な大勢の兵士たちを、岸から数キロのところでくりひろげられる恐《おそ》ろしい戦場に運ぶ船は、この一隻《せき》だけではないのだ。

午前六時、蒸気船《じょうきせん》ヴァイパー号はフランスのル・アーブルの埠頭《ふとう》に到着《とうちゃく》した。

※ベルギー北部。第一次世界大戦中、凄惨《せいさん》な塹壕《ざんごう》戦の舞台《ぶたい》となった。

非戦闘《ひせんとう》部隊のだれかが列車からホームに投げた手紙は、青年たちのあやうい運命を象徴《しょうちょう》している。手紙はどんな人が拾《ひろ》うかわからないし、だれも手紙に気がつかない可能性もあったからだ。手紙が親切な人に拾《ひろ》われてあて先に届《とど》いたのは、本当に偶然《ぐうぜん》のことだった。おかげで家族と徴兵《ちょうへい》反対同盟《どうめい》は、青年たちがフランスに連れて行かれるという知らせをいち早く受け取ることができたのだ。

第7章

イギリスの仲間たち

徴兵《ちょうへい》反対同盟《どうめい》は一九一五年初めに発足して以来、活発に活動を続けていた。この同盟《どうめい》が誕生《たんじょう》したのは、ほとんど偶然《ぐうぜん》といってよかった。きっかけは、マンチェスターで発行されていたレイバー・リーダー※新聞の編集発行人、フェナ・ブロックウェイが妻にすすめられて、ある手紙を書いて新聞にのせたことだった。その手紙は、徴《ちょう》兵《へい》を拒否《きょひ》しようと思っている人はこれから作る同盟《どうめい》に入ってはどうかと提案《ていあん》するものだった。すると予想をはるかに上回る数の人から同盟《どうめい》に入りたいと名前が寄せられ、ブロックウェイの妻が全部の名前をとりまとめた。こうして、徴兵《ちょうへい》反対同盟《どうめい》は生まれたのだった。

同盟《どうめい》はすぐに兵役拒否《へいえききょひ》の活動や運動の中心になったが、同盟《どうめい》の法律違反《いはん》が問題になった。そもそも、同盟《どうめい》は違法《いほう》な組織だったのだ。このため、警察《けいさつ》や軍部との戦いがその後延々《えん》と続くことになった。

徴兵《ちょうへい》反対同盟《どうめい》は、政治的な思想を持たず、宗教とも関係のない独

※労働者階級を代表する『独立労働党』（現在の労働党）による週刊の新聞。社会主義の立場から戦争に反対する内容だった。

自の組織だった。兵役《へいえき》を拒否《きょひ》した人の力になることだけを目的にしていた。

同盟《どうめい》は発足当時、次のような宣言《せんげん》を出している。

徴兵《ちょうへい》反対同盟《どうめい》は、徴兵制《ちょうへいせい》が導入《どうにゅう》された場合、召集《しょうしゅう》されると思われる者の中で、良心的な気持ちから武器を手にすることを拒否《きょひ》する者の集まりである。

われわれは、人命《じんめい》は尊《とうと》く、人を殺す責任は負えないと考える。「武器を取れ」と命じる政府の権利《けんり》を否定し、わが国で強制的な徴兵制《ちょうへいせい》を実現させようとする、ありとあらゆる取り組みに反対する。

万一、徴兵制《ちょうへいせい》がしかれたときには、いかなる結果を招《まね》こうとも、従《したが》うべきは自らの良心的な信念のみであり、政府の命令に従《したが》うことを拒否《きょひ》する。

これは、第一次世界大戦が始まって間もない頃《ころ》の希望に満ちた叫《さけ》び声だった。しかし、一九一六年になっても、事態に明るいきざしは見えなかった。議会で兵役阻止《へいえきそし》の声をあげたが、結局、徴兵制《ちょうへいせい》は始まってしまった。

一九一六年三月、アルフレッドやハワードなど大勢の人が戦争反対をとなえて議会につめかけていた頃《ころ》、徴兵《ちょうへい》反対同盟《どうめい》は『トライビューナル』という新聞を発行し始めた。たった四ページの新聞だったが、おどろいたことに十万人の読者がいた。この新聞は政府にとって大きな頭痛《ずつう》の種《たね》となり、ありとあらゆる手段《しゅだん》で発行が妨害《ぼうがい》された。同盟《どうめい》の事務所はくりかえし強制捜査《そうさ》を受け、新聞の編集発行人は何度も逮捕《たいほ》された。しかし、同盟《どうめい》は何とか新聞を出し続けていた。

四月八日、マンチェスターで徴兵《ちょうへい》反対同盟《どうめい》の全国大会が行われた。そこでフェナ・ブロックウェイは、軍隊に連行《れんこう》された最初の十五人の名前を読みあげた。

五月に入ると、状況《じょうきょう》は悪化の一途《いっと》をたどりだした。そして、「法律を撤回《てっかい》せよ」という題のビラをまいたことで、徴兵《ちょうへい》反対同盟《どうめい》の幹部《かんぶ》がいっせいに起訴《きそ》された。そのビラに、徴兵制《ちょうへいせい》を定めた兵役《へいえき》法は取り下げるべきだと書いてあったからだ。徴兵《ちょうへい》反対同盟《どうめい》の全国委員会を起訴《きそ》した責任者はボドキン検察官《けんさつかん》だった。裁判《さいばん》の席で、ボドキンはおどろくべき発言をした。

「みんなが戦争は罪《つみ》だと思っているなら、戦争など起こるはずがない」

これはまるで、良心的兵役拒否者《へいえききょひ》の口から出たような言葉だった。実際、第一次世界大戦後には「戦うことを拒否《きょひ》して、戦争をなくそう」というスローガンが、新組織「平和誓約同盟《せいやくどうめい》」※のキャッチフレーズになっている。

徴兵《ちょうへい》反対同盟《どうめい》はここぞとばかりにこの発言をおもしろがって、すぐにポスターを作った。ポスターにはほかでもないボドキンの発言をのせた。そして名前をあげて、こういったのは政府側の検察官《けんさつ》だとからかった。

このジョークを真《ま》に受けた政府は、こんなポスターを貼《は》るのはけしからんと、ある新聞記者を訴《うった》えた。裁判所《さいばんしょ》で記者の弁護人《べんごにん》※はボドキンを思う存分《ぞんぶん》からかった。そして「政府に対してこんな物騒《ぶっそう》な発言をするとはけしからん。ボドキンは逮捕《たいほ》されるべきである」と主張した。

その後、『トライビューナル』は、ボドキンが自分の罪《つみ》を認《みと》めて牢《ろう》

※一九三四年に創設された平和主義運動の中心的存在。

※刑事事件で被告人・被疑者の弁護《べんご》をする者。原則として弁護士《べんごし》が務《つと》める。

屋《や》に入る気になったら、ボドキンの妻と子供の面倒《めんどう》をみようと提案《ていあん》した。しかし裁判所《さいばんしょ》にユーモアは通じず、記者は罰金《ばっきん》百二十ポンドか、または九十一日間の服役《ふくえき》を命じられた。

裁判《さいばん》の判決《はんけつ》が出て、徴兵《ちょうへい》反対同盟《どうめい》の全国委員八名の有罪《ゆうざい》が確定した。合計八百ポンドもの罰金《ばっきん》の支払《しはら》いを命じられたが、八人のうち五人は抵抗《ていこう》の意味で罰金《ばっきん》を払《はら》わないことにした。そのひとりにフェナ・ブロックウェイがいた。徴兵《ちょうへい》反対同盟《どうめい》の幹事《かんじ》として、妻とともに同《どう》盟《めい》を立ちあげた人物だ。五人は警察《けいさつ》に出頭《しゅっとう》して刑務所《けいむしょ》に入った。

徴兵《ちょうへい》反対同盟《どうめい》の指導者が次々と刑務所《けいむしょ》に入れられ、良心的兵役拒《へいえききょ》否《ひ》者を助ける仕事の責任は、新しい人々の肩にかかってきた。その多くは女性だった。

たとえば、ヴァイオレット・ティラードは、同盟《どうめい》の報道部を立ちあげて『トライビューナル』を発行し続けた。おかげで同盟《どうめい》のメンバーは、新しい情報を知ることができた。ティラードは『トライビューナル』の印刷所の名前を明かさなかった罪《つみ》で、六十一日間、刑務所《けいむしょ》に入れられた。

情報部を運営したのも女性だった。ここで管理する良心的兵役拒否《へいえききょひ》者全員の記録カードには、審査《しんさ》局や裁判《さいばん》での様子、現在の状況《じょうきょう》などがくわしく記入されていた。情報は投獄《とうごく》された兵役拒否《へいえききょひ》者の友達や家族に伝えられた。また、このおかげで獄中《ごくちゅう》の兵役拒否《へいえききょひ》者たちがお互《たが》いに知り合い、言葉をかわせるようになった。こうした情報がなかったら、兵役拒否《へいえききょひ》者たちが相手を知って話をすることはなかっただろう。

情報部の記録がおどろくほど細かいことを知っていた政府は、記録カードを手に入れようと何度も強制捜査《きょうせいそうさ》をした。しかし、どうしてもカードを見つけることができなかった。

徴兵《ちょうへい》反対同盟《どうめい》は、イギリス国内で数々の妨害《ぼうがい》を受けながらも、全力で良心的兵役拒否者《へいえききょひ》を支えた。この姿勢《しせい》は、良心的兵役拒否者《へいえききょひ》がどこにいても変わらなかった。同盟《どうめい》は列車から投げられた手紙のおかげで、アルフレッドとハワードほか十五人の青年たちがハリッジ要塞《ようさい》からフランスに送られたという情報を得たときも、全力を尽《つ》くして行き先を探した。しばらく行方《ゆくえ》がつかめなかったが、ふたたび幸運がまいおりて、とても重大な手がかりがもたらされることになる。くわしいことは第九章で書くことにしよう。

平和運動を押しすすめる組織はほかにもあった。そのひとつが、キリスト友会《ゆうかい》（クエーカーの正式名称）だ。キリスト友会《ゆうかい》は戦争が始まるとすぐ、すべての礼拝《れいはい》集会に戦争に対する宣言《せんげん》文を配布《はいふ》した。そこには『あらゆる戦いは、神の明白な教えに反している』と書かれていた。

キリスト友会《ゆうかい》ではいくつか組織を作り、戦争による苦しみをやわらげようとした。そのうちのひとつであるフレンド会野戦病院隊は、前線で人命救助《じんめいきゅうじょ》活動を行った。また戦争犠牲者救援《ぎせいしゃきゅうえん》委員会は、戦争の犠牲《ぎせい》になったフランスやベルギーの市民に食料や医薬品を運んだ。

しかし、この物語では徴兵《ちょうへい》反対同盟《どうめい》が最大の役割を果たすことになる。

第8章

戦火の中へ

蒸気船《じょうきせん》ヴァイパー号は、無事《ぶじ》ル・アーブルの埠頭《ふとう》に到着《とうちゃく》した。アルフレッドやハワードたちは足どめされ、一般《いっぱん》の兵士たちが先に船から降《お》りた。その後ハワードたちも船から降《お》ろされ、ル・アーブルにある軍事基地シンダー・シティ駐屯《ちゅうとん》地に連れて行かれた。

シンダー・シティ駐屯《ちゅうとん》地は普通の軍事基地ではなく産業基地だった。そこには軍務《ぐんむ》に不適格とみなされた人が集められていた。

ハワードたちは到着《とうちゃく》したあと、身なりを整える時間をあたえられ、それからスコットランド連隊キャメロン隊所属《しょぞく》の軍曹《ぐんそう》の話を聞いた。

軍曹《ぐんそう》は初めは理解ある態度を示して、これまでの罪《つみ》は問わないから、新たな気持ちで再出発するようにいった。しかし、青年たちに再出発する気などこれっぽっちもなく、軍の命令を拒否《きょひ》し続けようとしていることが、すぐさまはっきりした。

このため十七人はばらばらにされ、基地内の班《はん》にひとりずつ入れられた。それでも青年たちは作業を拒否《きょひ》した。

そこで、士官たちは青年のところへ行き、ほかの十六人はあきらめて作業を始めたとうそをいってまわった。アルフレッドはひとりのとき、そんな話をされてつらかったが、それでも信念は曲げなかった。

日が暮《く》れて兵舎《へいしゃ》にかえされたアルフレッドは、きいた話とちがって、だれひとり抵抗《ていこう》をやめていないことを知った。報告を受けた軍曹《ぐんそう》はそれまでの理解ある態度をがらりと変えると、怒《いか》りを爆発《ばくはつ》させて、青年たちを口ぎたなくののしった。アルフレッドは、そのときのことをこう回想している。

「下品で乱暴《らんぼう》で、気のきいた言葉もない。ただただ、耳障《ざわ》りにがなりたて、憎々《にく》しげに暴言《ぼうげん》をはくばかりだった」

アルフレッドは軍曹《ぐんそう》のありきたりな侮辱《ぶじょく》はきき流したが、翌日《よくじつ》の出来事《できごと》には大きく心を動かされることになる。

軍はまだ、青年たちを引きはなして信念を曲げさせようとしていた。その日は、基地全体で行進訓練を行うことになっていた。約百人の兵士からなる部隊が十二あり、この大人数のなかへ十七人の青年たちは、ばらばらに入れられた。

アルフレッドは、そのときの様子を細かいところまではっきりとおぼえている。

「広い練兵場《れんぺい》に、三十人ほどの士官が一列にならび、その後ろに千人くらいの兵士が整列していた。われわれはいくつもの部隊にばらばらに入れられた。それから『気をつけ！　まわれ右！　早足行進！』と、行進の命令が下った」

部隊は行進していき、後に十七人の姿《すがた》がぽつんぽつんと残った。青年たちは、一歩も動かなかったのだ。

「われわれはだれひとり動かなかった。士官たちは大きな身振《ぶ》りで叫《さけ》んでいた。兵士たちが練兵《れんぺい》場の端《はし》に着く頃《ころ》、何人かの兵士が送りかえされて、われわれを引きずっていった。ほんの短い時間だったが、たった十七人がだだっぴろい練兵《れんぺい》場に点々とちらばってじっと立っている光景は、かなりの見ものだったにちがいない。あの場にいたわれわれにとって、あの光景は一生忘《わす》れられないものだろう」

ハワードは、すごいことになってきたと実感していた。

「あれは前代未聞《ぜんだいみもん》だった。軍部が面食《めんく》らったのも、今までそんなことをした者がいなかったからだ。これで、われわれが脅《おど》しに屈《くっ》するような人間ではないと、はっきりわからせることができた。

おそらく軍は、われわれを屈服《くっぷく》させるつもりだったはずだ。あの手この手でおどかせば、いうことをきくようになり、問題は解決すると考えていたのかもしれないが、もちろんそうはいかなかった。おどして抵抗《ていこう》をやめさせようなど、しょせん無理なことなのだ」

ハワードはこう感じていた。自分たちに対する士官の見方は、審査《しんさ》官と変わらない。つまり、良心的兵役拒否《へいえききょひ》者は自分の身を守ろうとしているだけで、痛《いた》い目にあってまで信念をつらぬこうとするはずなどないと思っていたのだ。

「士官たちはいつでも、われわれが自分の身を守ろうとしていると思っていた。信念のためにそんなことをしているとは、思いもしなかった。信念のために戦っているとわかっても、今度はなぜそんなことをするのか理解できなかった。しょせん、士官たちに想像できるようなことではなかったのだ」

青年たちは練兵場《れんぺい》から引きずり出され、軍事物資置き場に連れて行かれた。アルフレッドは作業場に行かされ、電動のこぎりに材木を送りこむ作業を命じられた。アルフレッドは士官の前で「気をつけ」をしなかったため、足首をけられて、足をそろえさせられた。士官がいなくなってからも、アルフレッドは仕事をしなかった。

スコットランド兵がやってきていった。

「お前さんの意見には賛成できないが、その度胸《どきょう》には感心するよ」

そして、お茶を一杯《ぱい》飲ませてくれた。アルフレッドは感謝の気持ちでいっぱいだった。しばらくして士官がもどってくると、アルフレッドはまた怒《おこ》られた。またしてもけりつけられ、「気をつけ」の姿勢《しせい》をとらされた。

その日の午後おそく、ハワードとアルフレッドは鋳造所《ちゅうぞうしょ》に行かされた。そこでは、鉄を溶かして型に流し入れ、列車の線路を作っていた。ふたりは目の前の光景を見て、ぞっとした。鋳造所《ちゅうぞうしょ》での仕事は高温にさらされる、つらいものだった。働いている男たちは、見るからに疲《つか》れきっている。アルフレッドとハワードは気の毒《どく》に思って手を貸した。

それから三十分ほどの間に、仲間のうちふたりが屈服《くっぷく》したという話が基地中に広まった。士官がひとり、様子を見に来た。とたんに、ふたりは仕事の手を止めた。これを見た軍曹《ぐんそう》のひとりがかっとなってアルフレッドをなぐりつけ、頭からバケツの水を浴《あ》びせかけた。
夕方、青年たちは全員営倉《えいそう》にもどった。命令に従《したが》った者はひとりもいなかった。

この物語には最初から最後まで、つらくむごい話がたくさん出てくるが、青年たちは小さな親切も数多く経験している。その日の晩《ばん》も、アルフレッドは営倉《えいそう》で小さな親切を受けた。
ある兵士が、自分の夕食をよこしてくれたのだ。尊敬《そんけい》の言葉もそえられていた。アルフレッドはおどろき、食べ物だけではなく、その思いやりにも感謝した。アルフレッドは衛兵《えいへい》にお礼をいってもらったが、だれが夕食をゆずってくれたのか、教えてはもらえなかった。

ハワードは、士官の中にも自分たちの気持ちをわかってくれる人がいることを知った。

「小柄《こがら》なスコットランド特務《とくむ》曹長《そうちょう》は、目に涙《なみだ》を浮《う》かべながら『君らはどんな相手に抵抗《ていこう》しているのか、わかっているのか。このままでは、恐《おそ》ろしいことになるぞ』といった。曹長《そうちょう》はわれわれがこれから直面する苦難《くなん》を、本当に心から心配してくれていた」

またある晩《ばん》には、アイルランド衛兵《えいへい》の軍曹《ぐんそう》が、営倉《えいそう》にいる青年たちの様子を見に来た。アルフレッドは軍曹《ぐんそう》の言葉に耳を疑《うたが》った。軍曹《ぐんそう》に金を持っているかときかれ、たくさんではないが持っていると答えると、今晩《こんばん》、士官は全員ル・アーブルに行って留守《るす》だから、みんなでパーティをしないかと持ちかけられたのだ。そして青年たちのわずかな金を受け取った軍曹《ぐんそう》はどこかへ行き、しばらくすると、まともな食べ物を山ほど抱《かか》えてもどってきた。どう考えても、あずけた分だけで買ったとは思えない量だった。

その晩《ばん》は、最後に歌をうたった。軍曹《ぐんそう》がうたい、青年たちはハミングで伴奏《ばんそう》をつけた。それは、祖国アイルランドのために戦った男の一生をうたったものだった。男はイギリスの支配に対する反乱に加わり、一八〇三年に処刑《しょけい》された。歌※は、次のような歌詞だった。

絞首刑《こうしゅけい》のうえ
はらわたをえぐって死体を八つ裂《ざ》きにする
それが俺《おれ》に下った判決《はんけつ》だ
だがすぐに見せつけてやろう
臆病《おくびょう》者ではないことを
俺《おれ》の罪《つみ》は

※トム・マグワイアによるアイルランド民族主義者ロバート・エメットをたたえた歌。エメットはアイルランドの独立を謀《はか》って暴動を起こしたのちに捕《とら》えられて絞首刑《こうしゅけい》になった。

生まれたこの地を愛したこと
英雄《えいゆう》として生きてきた
英雄《えいゆう》のまま死ぬまでだ

　この歌の男は、アルフレッドやハワードたちとはまったくちがう。しかしこの歌をきいたときは、感動したにちがいない。

　青年たちの信念の戦いはシンダー・シティ駐屯《ちゅうとん》地でも続き、青年の多くが戦地刑罰《けいばつ》第一号を言い渡された。また、ハワードは夜になると、四日に三日は二時間ずつしばられた。アルフルール近くの野戦※懲罰《ちょうばつ》部隊に送られて、木の枠《わく》にしばりつけられる青年もいた。体は柱にしばりつけられ、腕《うで》は水平にのばして横木《よこぎ》にくくりつけられるのだ。目の前には有刺鉄線《ゆうしてっせん》があって、今にも顔に刺《さ》さりそうだった。数

※軍法に違反《いはん》した兵や、犯罪《はんざい》を犯《おか》して有罪《ゆうざい》になった兵などが送りこまれる部隊。

時間もすると、くいこむ縄《なわ》の痛《いた》みに苦しめられる。背が低いとつま先で立っていなければならなくて、さらにつらかった。この刑罰《けいばつ》は「はりつけ」という名で呼《よ》ばれていた。

軍部は心理的にもさらにゆさぶりをかけ続けて、青年たちの信念を打ちくだこうとした。それもただの脅《おど》しではないことが、ハワードにはわかっていた。

「われわれは、死刑《しけい》にするとたえずおどされていた。何度も何度も、掲示板《けいじばん》の前に連れて行かれて、貼《は》り紙を声に出して読まされた。そこには『だれそれは前線において命令に従《したが》わず、死刑《しけい》を宣告《せんこく》された』と書かれていた。軍部には、そういうことのできる力があったのだ」

今のわたしたちにはとても信じられないことだが、当時は脱走《だっそう》、命令違反《いはん》、臆病《おくびょう》などの理由で、大勢の兵士が銃殺《じゅうさつ》された。たいていは法律に従《したが》って、軍法会議にかけてから処刑《しょけい》していたが、塹壕《ざんごう》では法律を無視して死刑《しけい》にすることもあった。また、攻撃《こうげき》の命令を下した後、士官がいやいや兵士をひとり銃殺《じゅうさつ》することも珍《めずら》しくなかった。そうでもしないと、兵士たちはドイツ軍の砲撃《ほうげき》の中へ突撃《とつげき》しなくなっていたのだ。

ロバート・グレイヴズは初めてル・アーブルに着いた一九一五年五月（アルフレッドとハワードが到着《とうちゃく》する一年前）、休養基地で過去の陸軍命令を調べていた。すると、少なくとも二十人が臆病《おくびょう》を理由に銃殺《じゅうさつ》されていた。それにもかかわらず、たった数日後の下院の議会では、陸軍大臣が死刑《しけい》は一度も行われていないと報告した。

アルフレッドやハワードたちは命令を拒否《きょひ》し続け、くじける様子をまったく見せなかった。軍部はこの事態を少しでも早くなんとかしようと、さらに重い罰《ばつ》をあたえることにした。こうして青年たちは、死の瀬戸際《せとぎわ》へと追いこまれていった。

第9章

せまりくる死

青年たちが送りこまれることになったのは、実際、戦場にはなっていなかったブーローニュだった。だが、ブーローニュも表向きは「戦《せん》闘《とう》区域」で、最前線地区ということになっている。つまり、そこで命令にそむけば死刑《しけい》になるのだ。

青年たちは、窓《まど》のない貨車に乗せられた。貨車にはフランス語で「人間四十人　馬八頭」と書かれていた。

青年たちはなんとかロウソクに火をつけようとしたが、そのうち、暗闇《くらやみ》の中で背嚢《はいのう》や箱の上にすわり出した。列車のスピードはおそく、およそ二百四十キロを走るのに二日もかかった。積荷《つみに》が重すぎてスピードがあがらず、途中《とちゅう》で何度も停車《ていしゃ》した。

ルーアンで貨車のドアが開くと、ぞっとする光景が目の前に広がった。アルフレッドは激《はげ》しい衝撃《しょうげき》を受けた。ホームにならんで巨大な倉庫がひとつあり、何千人もの兵士がひしめき合っていたのだ。兵士たちはそれぞれ命令を待っていた。家に帰る負傷《ふしょう》兵もいれば、帰国休暇《きゅうか》をもらった幸運な兵士も少しいる。しかしほとんどは塹壕《ざんごう》に向かう兵士たちだった。

そのころ、イギリス最高司令部は「ソンムの戦い」※として知られるようになる、大規模《きぼ》な攻撃《こうげき》の計画を進めていた。この戦いでは、最終的に百二十万人を超《こ》える死傷《ししょう》者が出ることになる。

ブーローニュに着いて、すぐに青年たちが連れて行かれたのは、魚市場の建物を使った野戦懲罰兵営《ちょうばつへいえい》だった。十七人の良心的兵役拒否《へいえききょひ》者と囚人《しゅうじん》たちは、休む間もなく二列に整列して「ダブルアップ」を命じられた。これは、兵舎《へいしゃ》のまわりを走れという命令だった。衛兵《えいへい》はスコットランド兵士を何人か呼《よ》びつけて先導《せんどう》させ、ペースをあげて走るよう命令した。

ハワードは四分の三周走ったところで、急に仲間に声をかけた。青

※一九一六年七月から十一月にかけて、フランスのソンム川流域で英仏連合軍とドイツ軍が激突《げきとつ》した戦い。このとき初めて戦車が登場する。連合軍、ドイツ軍ともぼう大な数の死者を出した。

年たちは、知らないうちにうっかり命令に従《したが》っていたのだ。青年たちがハワードから指摘《してき》されて途中《とちゅう》でぴたりと足をとめると、衛兵《えいへい》やほかの兵士がすぐに大声で騒《さわ》ぎだした。アルフレッドは、看守《かんしゅ》のひとりが衛兵《えいへい》と同じく銃《じゅう》に手をかけるのを目にした。この男はデヴォンにあるイギリスの悪名高いダートムーア刑務所《けいむしょ》の名前にちなんで「ダートムーアじいさん」と呼《よ》ばれる名物看守《かんしゅ》だった。やってきた部隊指揮《しき》官の黒人軍曹《ぐんそう》バーバーは叫《さけ》び声が飛びかう中、大声でいった。

「やつらをしばりあげろ！」

青年たちはただちに連れて行かれ、ふたたび「はりつけ」にされた。今回はもっと苦しくなるように、手首が頭より高い位置でしばりつけられ、青年たちは四時間放置された。

はりつけにされたのは、そのときだけではなかった。また、毎晩《まいばん》のように次々とほかの刑罰《けいばつ》が考え出された。そして、青年たちは後ろ手に手錠《てじょう》をかけられたまま、地中の檻《おり》に入れられた。檻《おり》はがんじょうな木の作りで、もとは独房《どくぼう》だった。地中に埋《う》められているため、天井《てんじょう》から出入りしなければならない。明かりは、その天井《てんじょう》から入ってくる光しかなかった。

檻《おり》の広さは四メートル四方もなく、そこへ、十七人の男がつめこまれた。便所はなく、代わりにふたのないバケツがひとつ渡された。

青年たちは、ここに何日も入れられることになっていた。その間ずっと手錠《てじょう》をされたままで、士官の取り調べを受けるとき以外、はずしてもらえなかった。ただし、夜は眠《ねむ》れるように体の前にかけかえられた。

一日の食事は、乾《かん》パン四個とコンビーフ二百グラムと強烈《きょうれつ》な塩素《えんそ》のにおいがする水だった。

こんなところに入れられても、青年たちにはまだ笑顔《えがお》があった。後ろ手に手錠《てじょう》をかけられていると、自分ひとりでは用がたせない。仕方なく助け合ってズボンを脱《ぬ》がし、またもとにもどしていたが、その動きはおかしくて笑いの種《たね》だった。

三日後、手錠《てじょう》がはずされ、少しだけ楽になった。

ハワードはリーダーと思われたため、仲間から引きはなされて、独《どく》房《ぼう》に入れられた。しかし独房《どくぼう》は仲間のとなりだったので、壁《かべ》の節穴《ふしあな》からみんなと話をすることができた。

日曜日の朝、外に出る許可がでて青年たちは体を洗《あら》った。その日の晩《ばん》、夕食のあとで全員、外に整列させられた。そして、不服従《ふふくじゅう》の罪で、ある兵士が数日前に処刑《しょけい》されたという話をきかされた。

青年たちは、事態の深刻《しんこく》さをいやというほど痛感《つうかん》していた。そして同じ頃《ころ》、もうすぐ青年たちを戦地での軍法会議にかけるといううわさが広がった。軍法会議では、死刑判決《しけいはんけつ》を下すこともできた。

このうわさをきいたハワードはすぐに、ロンドンに電報を打つ許可を願い出た。※弁護士《べんごし》を立てようと思ったのだ。そして、電報の下書きを書いたが、許可は下りなかった。

数時間後に電報をつきかえされたハワードは、許可しなかったのが基地指揮官《しき》だときいておどろいた。基地指揮官《しき》のウィルバーフォース大佐《たいさ》は、軍法会議ではハワードたちを訴《うった》える側だ。それなのに、※被告《ひこく》人であるハワードが法的弁護《べんご》を受けられないようにする権限もあったのだ。

厳《きび》しい事態になるかと思われた。しかし、ここでふたたび幸運がまいおりた。

※一定の資格をもち、訴訟《そしょう》など法律事務を行う者。

※罪《つみ》を犯《おか》した疑《うたが》いで裁判《さいばん》にかけられる人。

ようやくロンドンの徴兵《ちょうへい》反対同盟《どうめい》に、青年たちの居場所を知らせるハガキが届《とど》いたのだ。

第一次世界大戦中、兵士は軍からハガキを支給され、家族に便りを送っていた。ハガキにはあらかじめ文章が印刷されていた。しかし、別の良心的兵役拒否《へいえききょひ》者のグループの一員で、新たにまた別のグループに加わっていたジョン・ブロックルズビーは、印刷された文章の文字をいくつも線で消し、残りが

「わたしはブ　ロ　ニユに送られます」

となるようにした。このハガキがなぜ検閲《※けんえつ》に引っかからなかったかは謎《なぞ》だが、ともかくハガキを受け取った徴兵《ちょうへい》反対同盟《どうめい》はすぐ行動を開始して、青年たちの主張に同情をよせる下院議員が議会で質問を行った。これが、列車の窓《まど》から投げられた手紙に続く転機《てんき》となったのだ。

※政府や軍部などの国の機関が強制的に内容を検査すること。表現が不適切だと判断した場合、発表することなどは禁止される。

アルフレッドは地中の檻《おり》に入れられてから二週間ほどたった頃《ころ》、体調をくずして赤痢《せきり》にかかった。赤痢《せきり》は衛生《えいせい》状態が悪いところでよくかかる病気だ。

ここからアルフレッドは、ほかの青年たちと別の道を行き、野戦懲罰《ちょうばつ》部隊をはなれて、同じブーローニュにある第十三駐屯《ちゅうとん》地病院に護送《ごそう》された。

二週間の入院後、アルフレッドはまわりの景色が美しい郊外の駐《ちゅう》屯《とん》地に移され、衛兵《えいへい》の仕事を命じられた。天気は良く、風景もすばらしい。しかし、アルフレッドにはつらい現実が待っていた。

アルフレッドが駐屯《ちゅうとん》地に到着するとすぐ、衛兵《えいへい》がそばに来ていったのだ。

「お前もいよいよだな。仲間は全員、銃殺《じゅうさつ》されたぞ」

第10章

死《し》刑《けい》宣《せん》告《こく》

フランスにいる良心的兵役拒否《へいえききょひ》の青年たちが軍法会議にかけられようとしたとき、イギリスでは徴兵《ちょうへい》反対同盟《どうめい》が裁判《さいばん》をいくつも抱《かか》えていた。それでも徴兵《ちょうへい》反対同盟《どうめい》は青年たちの居場所を確認《かくにん》すると、自分たちの裁判《さいばん》にかまうことなく、すぐ青年たちを助ける準備に取りかかり、手だてを考えた。そして下院議会で、青年たちがどんなあつかいを受けているのか、どこにいるのかを問題にした。

その結果、F・B・マイアー牧師と、クエーカーのジャーナリスト、ヒューバート・ピートが、フランスにいる青年たちを訪《たず》ねる許可を取りつけ、様子を報告することになった。

ふたりは野戦懲罰《ちょうばつ》部隊を案内されたが、地中の檻《おり》は見せてもらえなかった。青年たちのうち数名が、監視《かんし》つきでふたりとの面会を許可され、戦争反対の立場と戦いを拒否《きょひ》する理由を説明した。

青年たちは檻《おり》にもどされると、結果を待って、いつものように時間をすごした。なぞなぞ遊びをしたり、議論をしたりする以外、だいたいは眠《ねむ》っていた。ハワードは、このときの気持ちをこう振《ふ》りかえる。

「昼間でも、寝《ね》てばかりだった。木の檻《おり》にいると、捕《つか》まった動物のようだった。食事の前にはいらだって檻《おり》の中をうろつきまわり、『えさの時間』が終われば、寝転《ねころ》んでひと休みするといった調子だった」

しかし、事態は最悪の方向に進んだ。六月二日の朝、ハワードに加え、同じようにリーダーと思われていたジャック・フォイスター、ジョン・リング、ハリー・スカラードの三人が、銃剣《じゅうけん》をつけたライフル銃《じゅう》を構《かま》える兵士に護送《ごそう》され、軍法会議に連れて行かれたのだ。ハワードは法廷《ほうてい》に連れ出され、軍法会議が始まった。法廷《ほうてい》といっても、そこは駐屯《ちゅうとん》地内にある小さな建物で、仮兵舎《かりへいしゃ》より少し大きいくらいのものだった。そんなところでも、軍法会議は恐《おそ》ろしく感じられた。原告《げんこく》も被告人《ひこくにん》も、罪《つみ》は重大で、重い刑《けい》が下される可能性が大きいとわかっていた。裁判官席《さいばんかんせき》にすわっていたのは、少佐《しょうさ》と部下の士官ふたりの三人だった。

ハワードが陳述《ちんじゅつ》をする間、法廷《ほうてい》は静まりかえっていた。ハワードは、自分の立場をしっかり説明することができて、手ごたえを感じていた。それに、三人の裁判官《さいばんかん》のうち少なくともひとりは、この軍法会議のなりゆきに困《こま》りきっていた様子だった。ハワードはあとになって、それがまちがいではなかったと確信している。法廷《ほうてい》の外にいた仲間のひとりが、「この男たちを銃殺《じゅうさつ》にするとは、ひどい話だな」という士官の言葉をきいていたのだ。

軍法会議のあと、ハワードは不安な気持ちで判決《はんけつ》を待った。判決《はんけつ》は数日後の予定だった。ところが、軍法会議はやり直されることになり、すべてが振《ふ》り出しにもどってしまった。表向きの理由は、裁判《さいばん》の手続きに誤《あやま》りがあったということだった。裁判《さいばん》官を務《つと》めた士官の階級が、証人代表の基地指揮《しき》官より下だったというのだ。しかし、ハワードはそうではないと思っていた。

「軍法会議の判決《はんけつ》があまり厳《きび》しいものにならず、これでは甘《あま》すぎるということになったのだと思う。理由はともかく、もう一度、軍法会議にかけられるはめになったというわけだ」

六月七日、青年たちはふたたび軍法会議にかけられた。前とまったく同じことがくりかえされ、何も省　略《しょうりゃく》せずに、ほぼ一日かけてハワードほか三人の青年たちの裁判《さいばん》手続きは行われた。

ハワードは、自分に対する裁判《さいばん》官の態度が前とちがうのを感じていた。

「二度目の軍法会議の雰囲気《ふんいき》は、まちがいなく前よりずっと険悪《けんあく》だった。見ていれば、なんとなくわかるものだ。それにしても原告《げんこく》の基地指揮官《しき》は、被告人《ひこく》が変わるたびに、わざわざ執務室《しつむ》から出てきて証言させられて、さぞかし面倒《めんどう》だったろう。あの悪党め、お気の毒《どく》なことだ。きっと、内心ではうんざりしていたにちがいない」

一週間がたち、とうとうつらい戦いの終わるときがきた。

一九一六年六月十五日木曜日の夕方、ハワードと三人の青年たちは判決《はんけつ》をきくため、衛兵《えいへい》に連れられてアンリヴィール駐屯《ちゅうとん》地に行った。またしても、それは忘《わす》れがたい出来事だった。非戦闘《ひせんとう》部隊と労働部隊が四角い練兵《れんぺい》場の三辺にならんで立っていた。そして、衛兵《えいへい》とハワードたちは四辺目に整列した。

練兵《れんぺい》場はざわついていた。士官がようやく静かにさせると、ハワードは数歩前に出るよう命令された。ついに来るときが来た。ハワードの判決《はんけつ》には、ほかの青年たちの命もかかっている。十七人の中でハワードは最初に判決《はんけつ》を受けるため、その判決《はんけつ》は青年たちの運命を示すことになるのだ。

士官がハワードの罪状《ざいじょう》を読みあげ始めた。ひとつ、戦闘状況下《せんとうじょうきょうか》における上官命令拒否《きょひ》。ふたつ、不《ふ》服従《ふくじゅう》。三つ、……。罪名《ざいめい》は延《えん》々と続き、最後に士官がいった。「よって、被告《ひこく》人を銃殺刑《じゅうさつけい》に処《しょ》する」

ここで、士官の言葉がとぎれた。ハワードはその間「ああ、そうか」と思っただけだった。体から魂《たましい》が抜《ぬ》け出てしまったような気がして、体が自分のものと思えなかった。

ところが判決《はんけつ》には続きがあった。「以上、ダグラス・ヘイグ総司令官、承認《しょうにん》」ここでふたたび士官はもっともらしく間を置いてから、判決文《はんけつ》をしめくくった。「そして、重労働刑《けい》十年※に減刑《げんけい》する」※

結局、ハワードは死刑《しけい》をまぬがれた。だが、刑務所《けいむしょ》に入れられ、厳《きび》しい労働を科《か》せられることになった。

こうして、青年たちの戦いは開始から約三カ月で終わりをむかえた。しかし、これですべてが終わったわけではなかった。

※重労働を科《か》せられた刑罰《けいばつ》。
※刑罰《けいばつ》を軽くすること。

第11章

その後

同じころ、アルフレッドもブーローニュで軍法会議にかけられようとしていた。つらい時期だった。アルフレッドはひとりになっても自分をふるい立たせ、信念を曲げずにがんばり、家族や家のことはあまり考えないようにした。考えれば「くじけてしまう」ことがわかっていたからだ。

軍法会議では、裁判《さいばん》官席にすわった司令官は酒に酔《よ》って口ぎたなくののしり、裁判《さいばん》長を務《つと》める大佐《たいさ》は静かにするよう注意しなければならなかった。

証言した軍曹《ぐんそう》たちの中には、しどろもどろになってしまう者もいた。アルフレッドはこっけいな姿《すがた》をさらす軍曹《ぐんそう》を見かねて、いつもの親切心から証言を手助けしたいと申し出た。しかし、裁判《さいばん》の邪魔《じゃま》をするなとはっきりいわれてしまった。

軍法会議の結果は、ハワードと同じだった。アルフレッドは有罪となり、数日後、ハワードのように死刑《しけい》の判決が下ったあと、減刑《げんけい》されて重労働刑《けい》になった。

　アルフレッドは死が目前にせまってても、なお抵抗《ていこう》をやめなかった。二歩前に出て判決をきくよう命令されたのに、少しも動かなかったのだ。アルフレッドは後ろから押《お》されて、仕方なく一、二歩前に出た。ようやくこれで出席している士官たちは納得《なっとく》したようだった。

　人は死刑《しけい》判決が読みあげられるのをきくとき、どんな思いがするのだろう。アルフレッドは、そのときの気持ちをはっきりおぼえていた。

「何もかもが、どうでもよくなる。もうこの世の一員ではないという思いがして、あとは死ぬだけと覚悟《かくご》するよりほかにない。たしか、そんな気持ちだったと思う。だが、顔には出さなかった。ぴくりともしなかったし、泣《な》きも笑いもしなかった。ただじっと、その場に立っていただけだった」

軍法会議の後、判決が出るまでの間、アルフレッドはしばらく英国陸軍医療《いりょう》部隊毒《どく》ガス除去《じょきょ》班に入れられた。そこでは、全員がさまざまな病気に対する予防接種《せっしゅ》を受けていた。だが、アルフレッドは予防接種《せっしゅ》を拒否《きょひ》したため、カナダ人の部隊司令官が来て、衛兵《えいへい》にアルフレッドがどんな人物かたずねた。

「良心的兵役拒否者《へいえききょひ》であります」

と衛兵《えいへい》は答えた。それから司令官は、アルフレッドに向かっていった。

「予防接種《せっしゅ》も、良心的理由で拒否《きょひ》するつもりか」

アルフレッドは、自分の家族でただひとり健康なのは、予防接種《せっしゅ》をしたことのない者だと答えた。すると司令官は「そうか」といった。

「無理やり注射《ちゅうしゃ》することもできるんだが」

しかしアルフレッドが笑顔《えがお》で
「味方にそんなきたない手を使うとは思えません」

というと、司令官は声をあげて笑い、それきり強制しなかった。

数日後、医療《いりょう》部隊は移動して、アルフレッドはトラックの荷台に乗るあの司令官の姿《すがた》を見かけた。司令官に敬礼《けいれい》されたアルフレッドは自分もしそうになったが、もう少しのところで思いとどまって、代わりに帽子《ぼうし》を高く振《ふ》った。

重労働刑《けい》の判決を受けた青年たちはイギリスに帰され、一般《いっぱん》の刑務《けいむ》所《しょ》に入れられることになった。

なぜ、軍事刑務所《けいむしょ》ではなかったのか。ハワードの考えはこうだった。

軍はハワードたちを支配下に置く限り抵抗《ていこう》され続けると考えて、処《しょ》刑《けい》するよりほかにないと思っていた。しかしそこへマイアー牧師とヒューバート・ピートが視察《しさつ》に訪《おとず》れて、処刑《しょけい》すれば世間《せけん》の非難《ひなん》を浴《あ》びることになりかねない状況《じょうきょう》になってしまった。そのため政府が一歩譲《ゆず》って、青年たちを一般《いっぱん》の犯罪者《はんざい》として受け入れることにしたというわけだ。

ハワードは大きな勝利をおさめたとはいえ、心は晴れなかった。これから十年間、たとえばダートムーア刑務所《けいむしょ》のような恐《おそ》ろしい場所で、重労働刑《けい》に服さなければならないのだ。それでもイギリスに着いたときには、ここ数カ月間の張りつめていた気持ちがほっとゆるんだことにまちがいはなかった。

アルフレッドにとって、判決後に送られた重労働基地ルーアン第一軍事刑務所《けいむしょ》でのことは、つらい思い出だった。

しかし、刑務所《けいむしょ》へ移動する途中《とちゅう》には、親切な軍曹《ぐんそう》が豪勢《ごうせい》な食事を二回食べさせてくれた。七月も終わりで、ちゃんとした食事は四月二十五日以来のことだった。

軍曹《ぐんそう》はアルフレッドと政治に対する考え方が似ているとわかっても、自分の役目をわきまえて、数日のうちにアルフレッドをルーアンの刑《けい》務所《むしょ》に送り届《とど》けた。

そこでアルフレッドが命じられたのが「ショット・ドリル」だった。これは鉛《なまり》の入った重い袋《ふくろ》を持ち上げ、数メートル歩いたところでいったん袋《ふくろ》を降《お》ろし、すぐまた持ち上げて数メートル歩くというものだ。これが何時間も続く。

アルフレッドはあくまで抵抗《ていこう》し、担当《たんとう》の軍曹《ぐんそう》に自分は軍事訓練はしないといった。つえで打たれても、意志を曲げなかった。しかたなく、アルフレッドは独房《どくぼう》に帰された。

「あれが勝利の瞬間《しゅんかん》だった。それから数日後、セーヌ川を下ってルーアンからル・アーブルへ向かった。夏の夕方、すばらしい夕日を浴《あ》びながら、限りなく美しい風景の中を進んでいった。そして翌日《よくじつ》にはウィンチェスターの刑務所《けいむしょ》に入り、十年間の強制労働が始まった」

ウィンチェスターで、アルフレッドはハワードのほか仲間の青年たちと再会した。会う直前まで、みんなが生きているとは思ってもいなかった。

青年たちのほとんどは、一九一九年四月頃《ごろ》、刑務所《けいむしょ》から釈放《しゃくほう》された。しかし選挙権は、十年間取りあげられたままだった。

そして、良心的兵役拒否者《へいえききょひしゃ》という理由から、青年たちの多くがなかなか仕事につくことができなかった。世間では戦争の恐《おそ》ろしさを体験してもなお、考えを改めない人が大勢いて、ひきょう者、臆病者《おくびょうもの》あつかいをやめなかった。

アルフレッドはなんとか仕事を見つけたが、そのためにロンドンをはなれなければならなかった。そして、ピアノの調律師《ちょうりつし》になった。

ハワードもどうにか銀行員の仕事にもどれた。しかし、すぐ仕事が見つかったわけではない。しばらくは「戦争犠牲《ぎせい》者救援《きゅうえん》委員会」で働いた。

この委員会は第一次世界大戦中のフランスのような戦闘《せんとう》地域に住んでいて、戦争被害《ひがい》を受けた人々を支援《しえん》するために作られた組織だった。ハワードはロンドン支部の副支部長になり、戦争被害《ひがい》の修復《しゅうふく》をする委員会のために力を尽《つ》くした。委員会では家を建て直したり、病院を作ったり、衛生的な水道の復旧《ふっきゅう》をしたり、いろいろな支援《しえん》を行った。ハワードはその功績《こうせき》によって、フランス赤十字※勲章《くんしょう》をあたえられた。しかし自分の体験を思うと、皮肉ななりゆきだと思わずにはいられなかった。

※戦争や災害が起きた時、傷病者《しょうびょうしゃ》を救護《きゅうご》することなどを主な活動とする組織。スイス人のアンリー・デュナンの働きかけによって、スイス他ヨーロッパ十六カ国が参加して一八六四年に誕生《たんじょう》した。各国の赤十字（イスラム教国は赤新月という）が加盟《かめい》する国際赤十字・赤新月社連盟《れんめい》には二〇〇三年現在、一八一カ国が加わっている。

第12章

戦いの成果

ハワードとアルフレッドは長い人生を送った。しかし、一九一六年の数カ月間にわたるあの記憶が、心から消え去ることは一生なかった。

ハワードは、自分の体験に関する写真や自分と似た体験をした人の写真を大量に集め、手もとに置いておいた。アルフレッドは自分の体験が平和運動に関心を持つ、さまざまな人のはげみになっていることを知った。

ハワードやアルフレッドやそのほか多くの良心的兵役拒否者《へいえききょひ》は体験者として、イギリスの帝国《ていこく》戦争博物館からインタビューを受けた。アルフレッドは何時間も話し続けたが、最後は簡単にしめくくった。

「以上がわたしの体験したことです。みなさんは、これをどう思いますか」

重労働刑の判決を受け、石を切りだす作業をしていた良心的兵役《へいえき》拒否《きょひ》者たち。
前列右から３人目にアルフレッドの姿がある。

テープに残されたアルフレッドの声には、時代を越《こ》えてこの問題を問い続ける迫力《はくりょく》がある。読者のみなさんは、アルフレッドやハワードの体験をどう思うだろう。同じ立場だったら、同じことをしただろうか。ふたりは臆病《おくびょう》者か。それとも英雄か。

この最後の問題について、アルフレッドは自分の意見をはっきり述べている。一九六〇年代にイギリスのATV放送が「フランス送りになった青年たち」を取りあげて番組を作った。良心的兵役拒否《へいえききょひ》者たちは、こうした呼《よ》び名で知られるようになっていたのだ。制作側の考えた番組名は『聖者《せいじゃ》は進む』だったが、アルフレッドはこれに反対した。

「聖者《せいじゃ》だなんて、よしてくれ。みんな、どこにでもいる普通《ふつう》の人間だったのだから」

　戦争は複雑《ふくざつ》だ。今までにも、多くの人が戦争に対する意見を変えてきた。たとえばアルフレッドは、戦争が始まった頃《ころ》、英国陸軍医療《いりょう》部隊の任務《にんむ》を希望していた。その後、軍法会議にかけられるまでの間、命令違反《いはん》の医療《いりょう》部隊兵士と営倉《えいそう》でいっしょになったことがあった。アルフレッドはその兵士に、「自分も医療《いりょう》部隊に入りたかった、そこなら残酷《ざんこく》なことはしなくてよさそうだから」というと兵士は答えた。

「ばかいうな！　医療《いりょう》部隊が兵士をやさしくあつかうためにあるとでも思ってるのか。あの部隊の任務《にんむ》は、兵隊の戦力が落ちないように、能率《のうりつ》よく戦わせることなんだぞ」

　そして兵士は、自分が受けた命令をアルフレッドに話した。回復の見こみがない者には痛《いた》みどめのモルヒネ※を注射《ちゅうしゃ》してやるだけでいい。それ以上の手当は必要ないから、次の者を診《み》るよう命令されていたというのだ。これをきいたアルフレッドは、英国陸軍医療《いりょう》部隊の任務《にんむ》

※アヘンの主成分。痛《いた》みを感じさせなくする作用があるため、痛《いた》みどめや麻酔薬《ますいやく》に使われる。ただし毒性《どくせい》があり、中毒《ちゅうどく》にかかりやすい。

に対する見方をあらためた。

この戦争から、さまざまなエピソードが生まれている。

ロバート・グレイヴズは多くの男たちと同じように、戦争が始まるとはりきって志願した。しかしその熱意は、戦争から受けたすさまじい恐怖《きょうふ》によって打ちくだかれてしまった。

また、有名な詩人ジークフリード・サスーン※もみずから進んで戦い、戦功《せんこう》十字勲章《くんしょう》を授与《じゅよ》された。しかし終戦が近づくにつれ失望感が大きくなり、勲章《くんしょう》を海に投げ捨《す》ててしまった。戦後まもなくブライトンで行われた総選挙集会では、平和主義者として演説した。

ウィンストン・チャーチルは第二次世界大戦で重要な役割を果たし、第一次世界大戦中も海軍大臣だった。そのチャーチルですら、のちに第一次世界大戦について「あれほど無意味な戦争はなかった」と語っている。

※一八八六年〜一九六七年。イギリス、ケント州生まれ。詩人、小説家。

その一方で、第一次世界大戦では良心的兵役拒否《へいえききょひ》の立場をとっても、第二次世界大戦では戦う道を選んだ人も大勢いた。ヒトラーの野望《やぼう》は、第一次世界大戦当時の昔ながらの領土権争《りょうどけん》いなどとは、全くちがうとわかっている人もいた。あとになって、ユダヤ人虐殺《ぎゃくさつ》の確かな証拠《しょうこ》が見つかり、この考えを裏《うら》づけることになった。

なかには、きっぱりと自分のやってきたことについての意見を変える人もいた。

軍人には、かたくなな者が多かった。ウォンズワース陸軍営倉《えいそう》所長レジナルド・ブルック中佐《ちゅうさ》は、良心的兵役拒否《へいえききょひ》者のあつかい方をめぐって軍法会議にかけられた。軍法会議では、ブルック中佐《ちゅうさ》の良心的兵役拒否《へいえききょひ》者たちに対するおどろくべき仕打ちが次々と明らかになった。

脅《おど》し、暴行《ぼうこう》、監禁《かんきん》、食べ物を無理やり口につめこむといったことが、日常的に行われていた。

証言によれば、中佐《ちゅうさ》はアルフレッドやハワードやそのほかの青年たちがフランス送りになったと聞いてよろこんだという。中佐《ちゅうさ》は法廷《ほうてい》で「……残りの良心的兵役拒否者《へいえききょひしゃ》どもも、同じ目にあえばいい」といった。さらに、議会がなんといおうが、良心的兵役拒否者《へいえききょひしゃ》は自分の思う通りに痛めつけてやりたいと話した。

「この営倉《えいそう》では、好きなようにさせてもらう。他人や〈世間〉から、どう思われようがかまうものか。そんなもの、気にかけるつもりは一切《いっさい》ない」

ブルック中佐《ちゅうさ》は、所長を解任《かいにん》された。

この抵抗《ていこう》で勝ち取ったものがあるとしたら、それは何か。

一九一六年五月二十五日、軍命令X《エックス》が出た。これによって兵役拒否《へいえききょひ》者は軍法会議にかけないで、一般《いっぱん》の刑務所《けいむしょ》に移されることになり、この問題は陸軍の手をはなれた。アルフレッド、ハワード、そして増え続ける良心的兵役拒否《へいえききょひ》者の抵抗《ていこう》がなかったら、これほど早く軍命令X《エックス》が決定されることはなかっただろう。陸軍にしてみても、良心的兵役拒否《へいえききょひ》者たちに※殉教《じゅんきょう》者を気どらせたくないという思いがあった。そんなことになったら、※徴集《ちょうしゅう》兵たちをさらに落ち着かない気持ちにさせてしまいかねなかったからだ。

合計で一万六千五百人が良心的兵役拒否《へいえききょひ》者として登録《とうろく》した。その後の道のりは、実にさまざまだ。千二百人は軍隊とは独立した組織のクエーカーによるフレンド会野戦病院隊で働いた。約五十人は死刑《しけい》の宣《せん》

※信仰する宗教のために命を捨て犠《ぎ》牲《せい》になり死んだ人のこと。ここでは、良心的兵役拒否《へいえききょひ》が宗教にたとえられている。

※本人の意志とは関係なく、法律《ほうりつ》によって強制的に入隊させられた兵士。

告《こく》を受け、その後減刑《げんけい》された。また、大勢が刑務所《けいむしょ》でひどいあつかいを受けて入院した。このうち、少なくとも十人が不幸にも病院で亡《な》くなったことが明らかになっている。そして、わかっているだけで三十一人が重い精神病をわずらった。

イギリス国内の刑務所《けいむしょ》で良心的兵役拒否者《へいえききょひ》に対して、ひどい仕打ちが行われていたことが発覚《はっかく》した。これがきっかけになり、第一次世界大戦後まもなく刑務所《けいむしょ》の改革が行われた。

さらに、徴兵制《ちょうへいせい》がしかれそうになったとき良心的兵役拒否《へいえききょひ》の青年たちがとった行動は、第二次世界大戦時に同じ信念を持った人々の道を開くことになった。

このとき良心的兵役拒否者《へいえききょひ》として登録《とうろく》した人は六万人以上にのぼった。前よりずっと簡単に登録《とうろく》できたのは、ハワードやアルフレッドのような人が、人にはそうした信念をもつ権利《けんり》があると世の中に認《みと》めさせたおかげだった。アルフレッドやハワードといった人々の抵抗《ていこう》と徴兵《ちょうへい》反対同盟《どうめい》の活動によって、戦う意志のない者は銃殺《じゅうさつ》するという陸軍の態度はくつがえされたのだ。

アルフレッドは、最後まで自分の行動は正しかったと確信していた。それでも、自分たちはいったい何を成しとげたのか、わからなくなることもあった。しかし進歩とは、世間一般《せけんいっぱん》の考えに反する、常識的でないことをする人によってもたらされるのだと感じていた。

信念にもとづく行動や発言を、それぞれくらべることはむずかしい。ハワード・マーテンとアルフレッド・エヴァンズは恐《おそ》ろしい場面に直面したこともあったが、ふたりがほかに大勢いた第一次世界大戦の良心的兵役拒否者《へいえききょひしゃ》たちより残酷《ざんこく》な体験をしたなどというつもりはない。

しかし、この『フランス送りになった青年たち』の物語は、確かにすばらしいもので、とりわけ青年たちの信念の強さをよく表している。

その強さを裏《うら》づける話がある。

アルフレッドが軍法会議にかけられる前日か前々日、ひとりの司令官が会いに来た。中隊の事務所でたった今、アルフレッドの書類を見ていたら、一番上に赤い文字で「死刑《しけい》」と書いてあったといった。司令官はアルフレッドに「それでも抵抗《ていこう》を続けるのか」とたずね、アルフレッドは「はい」と答えた。

「兵士たちも自分の信念にもとづいて、塹壕《ざんごう》で苦しみ、死んでいきます。そんな兵士たちに負けるつもりはありません」

するとおどろいたことに、司令官は二歩下がってアルフレッドに敬《けい》礼《れい》した。そして前に進み出て、手を差し出した。アルフレッドはその手を取り、心をこめて握《にぎ》った。

ふたりが、その後会うことは二度となかった。

第一次世界大戦と良心的兵役拒否《へいえききょひ》者たち

1914年	6月	オーストリア皇太子夫妻、ボスニアの首都サラエボでオーストリア国籍《こくせき》のセルビア人に暗殺《あんさつ》される（サラエボ事件）
	7月	オーストリア、セルビアに宣戦《せんせん》
		（第一次世界大戦始まる）
	8月	ドイツ、ロシアとフランスに宣戦布告《せんせんふこく》
		ドイツ、ベルギーに侵攻《しんこう》
		イギリス、ドイツに宣戦布告《せんせんふこく》
	秋	第一次イープルの戦い
1915年	春	ヌーヴ・シャペルの戦い
		第二次イープルの戦い
		（ドイツ、世界で初めて毒《どく》ガス使用）
	7月	イギリス、国民登録法施行《とうろくほうしこう》
1916年	春	フランス、ドイツの砲撃《ほうげき》に要塞《ようさい》を死守《ししゅ》する
	3月	イギリス、兵役法施行《へいえきほうしこう》
		ハワード、アルフレッド、兵役免除審査《へいえきめんじょしんさ》局へ
	4月	**良心的兵役拒否《へいえききょひ》の青年たち、ハリッジ要塞《ようさい》へ**
	5月	**青年たち、列車と蒸気《じょうき》船でフランスへ**
	6月	**アルフレッド、ハワードに死刑宣告《しけいせんこく》**
		青年たちイギリスへ帰国
	夏～秋	ソンムの戦い
		（イギリス・フランス、ドイツを総攻撃《そうこうげき》）
1918年	11月	第一次世界大戦停戦《ていせん》

訳者あとがき

おそらく今の人たちにとって「世界大戦」といえば第二次世界大戦だと思う。あれほど多くの国々が戦い、信じられないほどの犠牲《ぎせい》者が出た戦争はほかにはない（ただし、ベトナム戦争で使われた火薬の量は、第二次大戦で使われた量をはるかに上回っている）。

しかし、第一次世界大戦は、当時の人々にとって、それとはくらべものにならないほどのショックだった。なぜなら、それまで戦争というものは、とても小さなものだったのだ。ある国とある国、せいぜいある国と敵対する連合国、それもせいぜいふたつか三つの国、そんなものだった。ところが、一九一四年に幕を開けた第一次世界大戦は、規模《きぼ》からしても、国の数からしても、死傷者の数からしても、それまでには想像もつかないすさまじい戦いだったのだ。だれひとり、これほど大規模な戦争は経験したことがなかった。まさに地獄《じごく》といっていい。そしてその地獄《じごく》に多くの国々が、そして多くの人々が参加した。

そのときのことを、ちょっと想像してみてほしい。たとえば、イギリスではそれまでなかった徴兵制《ちょうへいせい》がしかれる。つまり第一次世界大戦が原因となって、ある年齢以上の男性は強制的に兵士にならなくてはならなくなってしまったのだ。

しかし当時、どうしても戦争に行きたくない人々もいた。そしてそのなかに、「良心的兵役拒否者《へいえききょひしゃ》」と呼《よ》ばれる人々がいた。つまり、相手がだれであろうと人を殺すことは罪悪《ざいあく》であると信じて、兵士になることを拒否《きょひ》した人々だ。

今なら、ああ、そういう人たちもいただろうなと考える人は多いだろう。しかしこの本の最初のところを読んでもらうとわかるように、当時、まずそんなことは考えられなかった。ほとんどの人々がこの戦争は「正しい戦争」だと思い、「すぐにイギリスの勝利で終わる」と思い、ほとんどの若者たちが次々に志願したのだ。

それは、終戦以前の日本を考えてみればわかってもらえると思う。あの頃は、すべての若者が戦争にいくのは当然だと思われていたし、まわりの人々は、それをほこりにしていたくらいだ。

そんななかで、戦争に反対し、兵士になるのを拒《こば》むのが、どれほど大変なことか、いうまでもないだろう。そういう人々は、まわりの人たちから白い目で見られ、自由を奪《うば》われ、拷問《ごうもん》にかけられ、ときには死ぬことさえもあった。

そこまでして、そういう人々が守りたかったものはなんなのだろう。

その答えが、ここに書かれている。そう、この本は、命をかけて自分の信じる道をつらぬいたふたりの若者の物語だ。

戦争なんかちっとも興味のない人もいると思う。しかし、興味がなくても、一度、この本を読んでみてほしい。おそらく、日本を、そして世界をみる目がちがってくると思う。

第一次世界大戦で幕を開けた二十世紀はやがて第二次世界大戦を経験し、朝鮮、ベトナム、中近東、さまざまな地域で戦いが行われた。

そして二十一世紀は、ニューヨークのテロ事件で幕を開け、やがてアメリカのイラク攻撃《こうげき》が始まり、ついに日本も自衛隊を派遣《はけん》することになってしまった。もしかしたら、日本でもふたたび徴兵制《ちょうへいせい》がしかれるかもしれない。そのとき、きみはどうするのだろう。いや、日本に徴兵制《ちょうへいせい》が復活していいのだろうか。

この本を読んでいると、いろんなことをつい考えてしまう。

そしてまた、これは戦争についてだけの本ではない。

つまり、われわれはいつも、何かを選んできているということなのだ。ゴミの分別をどうするか、原発をどうするか、選挙でだれに票を入れるか、いや、今日はどこで食事をするか……そういった選択の結果が、未来を作り上げる。

ほんとうに、それでいいのか？　そういう声が、この本からはきこえてくる。

ぜひぜひ、考えてみてほしい。

なお最後になりましたが、訳文を原文とつきあわせてチェックしてくださった海後礼子さんに心からの感謝を！

二〇〇四年　七月二十一日

金原瑞人

写真提供／イギリス帝国戦争博物館
協力／ロジャー・プライア

マーカス・セジウィック（Marcus Sedgwick）

1968年イギリスのケント州生まれ。英語教師を経て、児童書の出版にたずさわりながら小説を書く。初めて書いた小説「Floodland」（邦題未訳）がブランフォード・ボウズ賞を受賞するなど注目を浴び、その後、「Witch Hill」（邦題「魔女が丘」理論社）はエドガー賞、「The Dark Horse」（邦題「ザ・ダークホース」理論社）は2002年ガーディアン賞とカーネギー賞の最終候補になるなど話題作を次々と発表している。木版や石版画も得意とし、バンドのライブでイギリス各地を回ったりと、才能あふれる作家である。本書は初のノンフィクション作品。

http://www.marcus-sedgwick.com/

金原瑞人（かねはら　みずひと）

1954年、岡山県に生まれる。法政大学英文学専攻博士課程修了。現在、法政大学社会学部教授。主な訳書に「ポピー」「ポピーとライ」『マインドスパイラル』『盗神伝』『ヒーラーズ・キープ』シリーズ（以上あかね書房）、『バーティミアス』シリーズ（理論社）「チョコレート・アンダーグラウンド」（求龍堂）等がある。

http://www.kanehara.jp/

天川佳代子（あまかわ　かよこ）

1967年、埼玉県に生まれる。青山学院大学英米文学科卒。会社勤務を経て、フリーランスで翻訳を手がける。趣味は読書と茶道とスノーボード。

臆病《おくびょう》者と呼《よ》ばれても　良心的兵役拒否《へいえききょひ》者たちの戦い

2004年9月　初版発行
2010年7月　第3刷
作者――――マーカス・セジウィック
訳者――――金原瑞人　天川佳代子
発行者―――岡本雅晴
発行所―――株式会社あかね書房
〒101-0065　東京都千代田区西神田3-2-1
電話　03-3263-0641（代）
http://www.akaneshobo.co.jp
印刷所―――錦明印刷株式会社
製本所―――株式会社難波製本

NDC936　158P　20cm　ISBN978-4-251-09833-7 C8097